奇趣科学馆
QIQU KEXUEGUAN

宇宙大爆炸

纸上魔方 编绘

重庆出版集团 重庆出版社
果壳文化传播公司

图书在版编目（CIP）数据

宇宙大爆炸 / 纸上魔方编绘. — 重庆：
重庆出版社，2014.3（2015.10重印）
ISBN 978-7-229-07908-6

Ⅰ.①宇… Ⅱ.①纸… Ⅲ.①"大爆炸"宇宙学—青少年读物
Ⅳ.①P159.3-49

中国版本图书馆CIP数据核字（2014）第083738号

宇宙大爆炸
YUZHOU DA BAOZHA
纸上魔方　编绘

出 版 人：罗小卫
责任编辑：袁婷婷
责任校对：杨　婧
封面设计：纸上魔方
技术设计：纸上魔方

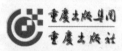　 果壳文化传播公司

重庆长江二路205号 邮政编码：400016 http://www.cqph.com
重庆天旭印务有限责任公司印刷
重庆出版集团图书发行有限公司发行
E-MAIL：fxchu@cqph.com　电话：023-61520646

重庆出版社天猫旗舰店
cqcbs.tmall.com

全国新华书店经销

开本：787mm×1092mm　1/16　印张：8
2014年7月第1版　2015年10月第2次印刷
ISBN 978-7-229-07908-6

定价：22.50元

如有印装质量问题，请向本集团图书发行有限公司调换：023-61520678

宇宙里都有什么？ / 1

宇宙有多大？ / 5

宇宙中别的星球上有人吗？ / 8

飞碟真是外星人驾驶的吗？ / 12

飞碟是什么样子的？ / 15

银河是天上的河吗？ / 18

行星为什么不像恒星那样会发光？ / 21

掉进黑洞还能出来吗？ / 24

流星坠落是不吉祥吗？ / 28

太阳活动剧烈吗？ / 32

太阳为什么能不断地发出光和热？ / 36

金星为什么那么神秘？ / 39

火星上有没有生命？ / 43

土星为什么如此美丽动人？ / 46

月亮的外貌为什么变化万千？ / 49

日食和月食是怎么回事？ / 52

彗星为什么拖着尾巴？ / 56

地球在宇宙空间为什么不会往下掉？ / 60

为什么我们感觉不到地球在运动？ / 63

人类发明了哪些航天器？ / 67

航天飞机是什么样的飞行器？ / 71

火箭是怎么飞出地球的？ / 74

人造卫星会掉下来吗？ / 78

宇宙飞船是怎么飞上太空的？ / 81

为什么称国际空间站为太空城市？ / 84

如何能成为一名宇航员？ / 87

宇航员是怎样第一次登上月球的？ / 90

宇航员在太空中生活为什么很不容易？ / 94

宇航服为什么很复杂笨重？ / 97

谁迈出了太空行走的第一步？ / 100

太空中有垃圾吗？ / 103

太空食品是什么样的食品？ / 106

动物去太空干什么？ / 109

在太空中成人为什么还会长高？ / 112

人到宇宙中去航行会碰到什么危险？ / 115

太空中的宝藏为什么取之不尽？ / 118

人类何时可以移民太空？ / 121

宇宙里都有什么?

　　我们通常说宇宙浩瀚无垠，无边无际，那宇宙里究竟有什么呢?

　　古代的人认为地球就是宇宙。随着科学的发展，现在人们认识到宇宙并不仅仅指地球。科学家把广漠的空间和存在于其中的各种天体及弥漫物质称为宇宙。"宇"是指无限的空间，

"宙"是指无限的时间。宇宙就是一个无边无际、无穷无尽，没有形状，也无始无终的物质世界。

人类对宇宙的认识是一步步扩大，一步步深入的。首先从认为地球就是宇宙，扩展到太阳系，进而延伸到银河系，然后又开拓到银河系之外的河外星系、星系团和总星系。

太阳连同它周围的八大行星以及卫星、为数众多的小行星、难以计数的彗星和流星体共同组成太阳系。尽管太阳系成员众

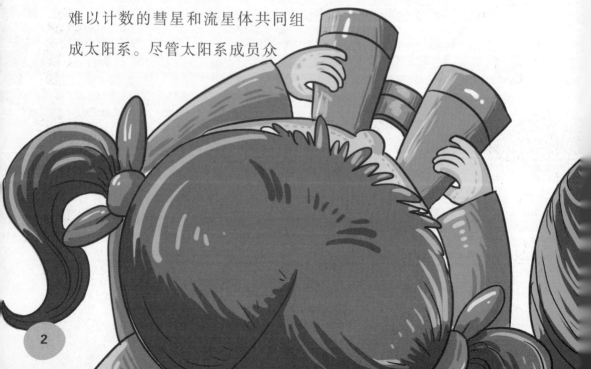

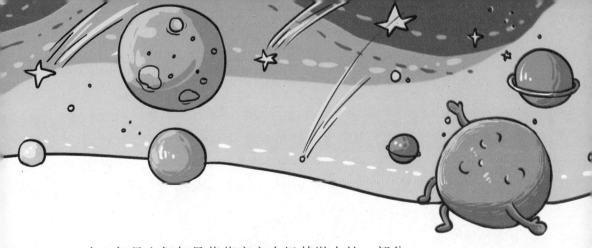

多，但是它们却是茫茫宇宙中极其微小的一部分。

比太阳系更大的是银河系，银河系有1000多亿颗恒星。夜空下，我们用肉眼能看到的许多闪闪发光的星星绝大多数是恒星。

在银河系之外，有许许多多云雾似的天体，称为星云。这种星云由极其稀薄的气体和尘埃组成，形状很不规则。它们实际上并不是云，而是一些同银河系一样的星系，因为离我们太遥远了，所以看上去像云雾似的，我们称它为河外星系。到现在为止，天文学家已经发现了10多亿个河外星系。所有的河外星系又构成庞大的总星系。目前，利用射电望远镜和空间飞船，已发现银河系之外存在着像恒星一样的天体，但它的光度和质量又与星系一样，这就是类星体，现在已发现了数千个这样的天体。

宇宙中除了各种天体之外，还存在着一种看不到的暗物质。

这种物质不发光，用任何仪器都观测不到，它们像"幽灵"一样在星际空间游荡。它们的引力会影响周围的恒星和星系的运动，并最终使得宇宙由膨胀状态转为收缩状态。科学家相信，在银河系中，暗物质占总质量的十分之九。

宇宙有多大?

宇宙到底有多大？宇宙很大很大，大得无边无际。

我们生活的地球和科学家用最大的望远镜所能观测到的区域，只占整个宇宙的一小部分。我们都知道，太阳是距离地球最近的一颗恒星。太阳光照到地面上，大约要花上8分钟。如果你步行到太阳上去，每小时走5千米，昼夜不停也要走上3400年。由此，我们可知宇宙有多么大。

天文学家用最大的望远镜能够看到的最远的天体，它们发出来的光要经过130亿光年。也就是说，如果有一束光以每秒30万千米的速度从该星系发出，那么要经过130亿年才能到达地球。这130亿光年的距离便是我们今天所知道的宇宙的范围，也是目前我们所能观测到的宇宙的大小。可能还有更远的天体，但是现在我们还没有观测到。宇宙真是浩渺无穷。

在这个以130亿光年为半径的球形空间里，目前已被人们发现和观测到的星系有一千多亿个，而每个星系又拥有几百到几万亿颗像太阳这样的恒星。地球在如此浩瀚的宇宙中，真如沧海一粟，渺小得微不足道。

宇宙在不停地运动和发展。天文学家通过观察、研究，发现所有的星系都在移动，它们彼此之间的距离越来越远。宇宙很像一个正在被吹大的气球，上面的斑点就好比星系，气球胀大了，斑点之间也越离越远。这说明宇宙正在不断地膨胀。宇宙到底有多大？现在还在观测中。

宇宙在不断地膨胀，那么，宇宙的未来会怎么样？科学家提出了种种可能的猜想，一是宇宙还会像现在一样继续膨胀下去，所有的恒星最终都将会耗尽核燃料而自行燃毁，于是宇宙会变得又冷又黑；另一种可能是，引力将开始把各种星系拉回在一起，其结果将会导致一次逆向的"大爆炸"或"大挤压"，于是宇宙中的所有物质将会挤压成一个巨大的黑洞。各种说法不一，关于宇宙的未来，还需要进行更多的研究。

宇宙的年龄

为了了解宇宙的年龄，天文学家不能再用通常的尺度，不用百万年，而是用亿年作单位。对于宇宙的年龄，科学家只是推测和估算，还没有找到一种绝对准确的方法。科学家通过分析矮星计算出宇宙的年龄，虽然人们大多认为宇宙是在120亿～150亿年前形成的，但确切的时间无法确定。人们用哈勃太空望远镜测出宇宙有130亿～200亿年的历史。

宇宙中别的星球上有人吗?

太阳系中除地球外，其他星球上都不适合人类生存。我们人类在太阳系中是独一无二的。在太阳系以外，有没有类似人类的智慧生物呢?

银河系大约有1000亿颗恒星，一些科学家推测，像太阳这样适合生物演化的恒星系约有100万个。而在银河系以外，还有千千万万个与银河系类似的星系，那里也应该有为数众多的行星和恒星系。

凡是行星和恒星系都存在智慧生物吗? 智慧生物的繁衍生存必须要具备一定的条件。

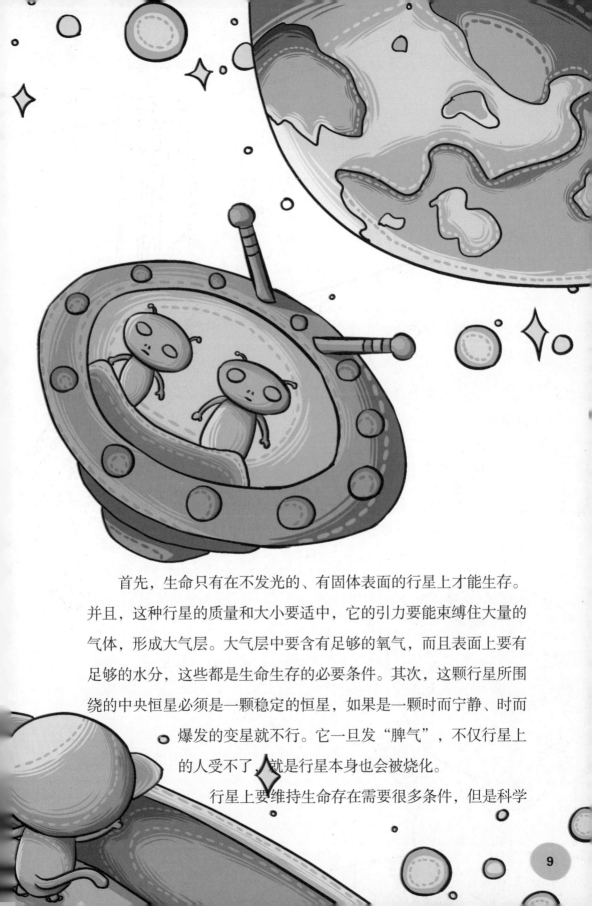

首先，生命只有在不发光的、有固体表面的行星上才能生存。并且，这种行星的质量和大小要适中，它的引力要能束缚住大量的气体，形成大气层。大气层中要含有足够的氧气，而且表面上要有足够的水分，这些都是生命生存的必要条件。其次，这颗行星所围绕的中央恒星必须是一颗稳定的恒星，如果是一颗时而宁静、时而爆发的变星就不行。它一旦发"脾气"，不仅行星上的人受不了，就是行星本身也会被烧化。

行星上要维持生命存在需要很多条件，但是科学

家仍然认为宇宙中适合生命存在的星球也有很多。据天文学家估算，银河系里有1000亿颗以上的恒星，而它们的周围又有大约1500万颗与地球环境差不多的行星。但是这些行星离地球实在太遥远了，我们无法知道那里的一切。

科学家认为，"外星人"是可能存在的。为了能探索外星人的踪迹，科学家们做了许多努力。给外星人呈上"地球名片"即是其中的手段之一。1972年3月和1973年4月，美国先后成功发射了"先驱者10号"和"先驱者11号"探测器。它们携带着两张

完全一样的"地球名片"，飞离太阳系，在茫茫宇宙中寻找"外星人"。这张"名片"是一块镀金铝板，"名片"的右半部分主要是一男一女的画像，代表地球上的人类。尽管"外星人"的形态可能与我们有很大差别，科学家们仍然相信人类的形象不太可能被误解。

飞碟真是外星人驾驶的吗?

1947年6月24日，美国商人肯尼斯·阿诺德乘坐飞机过加斯加德山。突然，一道十分刺眼的光线射入了他的眼帘。阿诺德发现，机翼的左侧有9个巨大的圆盘形的东西，正贴着山顶急速飞行。他迅速测算了一下，测出这些飞行物的速度每小时达到1900千米。这么快的速度是当时的人们不敢想象的。事后他描述说："我从没有见过这样的飞行器……像一种碟子……"

此后，报纸立即报道了这一事件，因为这种东西是圆盘形的，所以被人们称为"飞碟"。自此之后，关于飞碟的报道成千上万。

飞碟是什么东西，人们众说不一，而其中最激动人心的说法是：飞碟是外星人造访地球驾驶的宇宙飞船。

飞碟是否真是外星人驾驶的宇宙飞船呢？在无垠的宇宙中，除了地球上有人类存在以外，在其他星球上，只要有适当的条件，同样可能存在着生命，甚至存在高等智慧的生物——外星人。但是科学家又提出了这样一个疑问：假设飞碟从离我们最近的恒星（太阳除外）飞来，并且以最大的速度——每秒30万千米飞行，往返一趟需要几年时间。这得建造非常巨大的飞船才能装载足够的燃料和食品来维持航行！而且即使这些星球上的外星人每年都派一艘飞船在银河系内考察，进入太阳系的机会也是千载难逢的，不可能有这么多的飞碟光临地球。

美国和英国有人悬赏巨额奖金，奖励能为飞碟的存在提供确凿证据的人。然而时经多年，这笔丰厚的奖金至今仍无人获得。1967年，美国组织了空军部门的37位专家，对12000多起"飞碟"事件进行了调查。结果表明，除了胡编乱造的虚假报告之外，绝大多数的所谓"飞碟"只不过是人造卫星焚烧后的碎片、云块、球状闪电、行星或流星等给人造成的错觉。尽管"飞碟是外星人造访地球驾驶的宇宙飞船"这一说法非常令人激动，但真凭实据至今却一个也没有找到。

海洋中的飞碟

海洋中存在飞碟，现在已发现有300多个。海洋中的飞碟是由一种特殊的水组成的。这种水的温度、密度、含盐量及所含化学物质与周围的海水不同，因而呈现出一个与周围水不同的独立体，并且一边前进，一边高速旋转。另外，海中飞碟要比空中飞碟大得多。大西洋发现的一枚飞碟直径达80千米，它在飞速旋转时，吞进了难以计数的鱼虾。海中飞碟大多诞生于大江、大河、大湖的入海处。据说有的飞碟在海中长达10年都不会解体，而且会不知疲倦地转个不停。

飞碟是什么样子的？

有关于飞碟最早的文字记载被日本的一位"飞碟专家"发现，据他考证，约在公元前1504年至公元前1405年，在埃及的一张纸莎草纸上，记载着一段象形字，大意是："二十二年冬季第三日六时……生命之官的抄写员看见天上飞来一个火环……它无头，喷出恶臭。火环长一杆，宽一杆，无声无息……数日之后，天上出现了更多的此类物体，其光芒足以蔽日，并展开到天之四维……"

现在世界上收到的UFO报告不计其数，仅在美国，平均每天就有200份各种关于UFO的报告，而每份报告所描述的飞碟的形状也是五花八门，甚至没有两份是完全相同的。

最先看见飞碟的阿诺德见到的是庞大的碟状物，但是后来报告中描述的飞碟的形状有19种之多，如倒扣的碟子、圆圆的球、雪茄烟状、三角形、纺锤形、橄榄形……可谓各式各样。

那么，这些形状各异的飞碟到底有多大

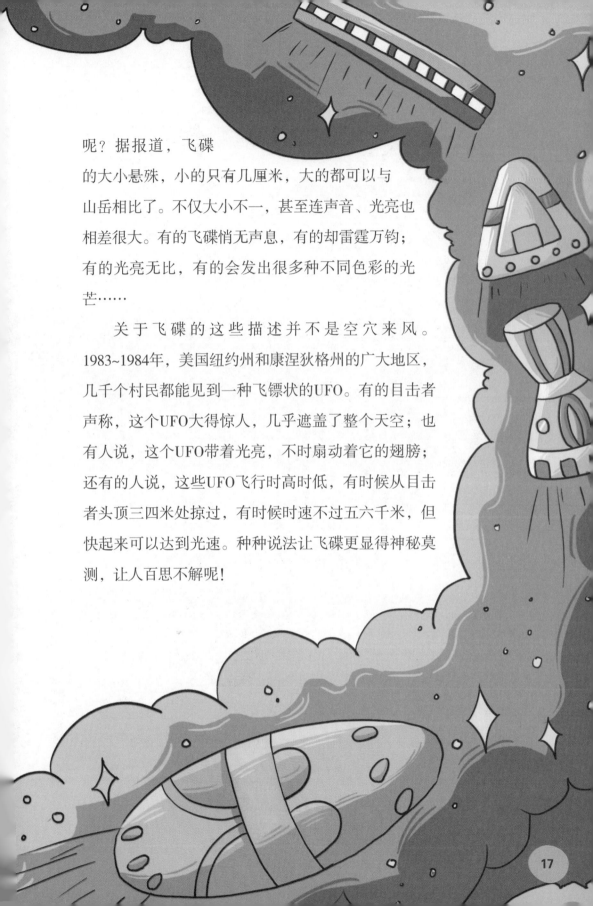

呢？据报道，飞碟的大小悬殊，小的只有几厘米，大的都可以与山岳相比了。不仅大小不一，甚至连声音、光亮也相差很大。有的飞碟悄无声息，有的却雷霆万钧；有的光亮无比，有的会发出很多种不同色彩的光芒……

关于飞碟的这些描述并不是空穴来风。1983~1984年，美国纽约州和康涅狄格州的广大地区，几千个村民都能见到一种飞镖状的UFO。有的目击者声称，这个UFO大得惊人，几乎遮盖了整个天空；也有人说，这个UFO带着光亮，不时扇动着它的翅膀；还有的人说，这些UFO飞行时高时低，有时候从目击者头顶三四米处掠过，有时候时速不过五六千米，但快起来可以达到光速。种种说法让飞碟更显得神秘莫测，让人百思不解呢！

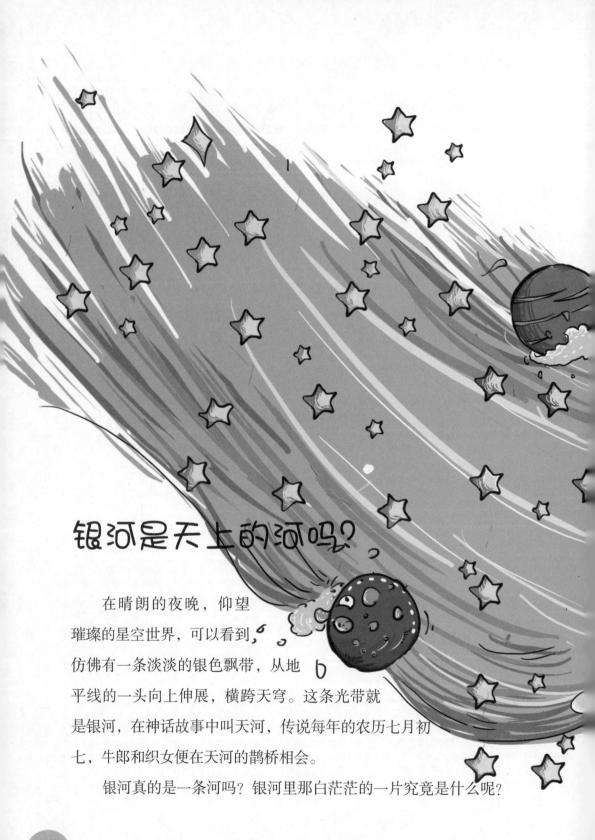

银河是天上的河吗？

在晴朗的夜晚，仰望璀璨的星空世界，可以看到仿佛有一条淡淡的银色飘带，从地平线的一头向上伸展，横跨天穹。这条光带就是银河，在神话故事中叫天河，传说每年的农历七月初七，牛郎和织女便在天河的鹊桥相会。

银河真的是一条河吗？银河里那白茫茫的一片究竟是什么呢？

17世纪后，人们用望远镜观察到，银河并不是天上的河，而是一个由1000多亿颗恒星密集组成的盘状的恒星系统，因为距离我们实在太遥远，看起来就像一条河。太阳和我们晚上看到的星星也处在这个系统之中。就像春天的田野里，长着一片青青的麦苗，它们本来是一株一株的，可是远远一看，你觉得它像绿色的海洋。秋天的稻田也一样，那里面本来是一株一株的稻子，可是远远一看，就像金色的海洋，还有起伏的波浪呢！

天空中的星星太多了，都挤在一起。我们从太阳系向周围看

去，这个恒星系统的盘状部分就呈现为一条带状天区，在这块天区的恒星投影最为密集。而由于距离遥远，人们用肉眼无法把密集的恒星分辨出来，所以看上去就如同一条发亮的光带，这就是我们看到的银河。

牛郎织女的故事在民间广为流传。可是你知道吗？银河里的的确确存在牛郎星和织女星。在银河的东岸，有一只展翅向东北方向飞的雄鹰，鹰的头部有3颗星排成一行，叫河鼓三星，中间那颗黄白色的大星，叫河鼓二，就是牛郎星。在银河西岸，有一颗蓝白色的大星，既亮又美丽，这就是织女星。牛郎星和织女星看上去只隔一条银河，实际上相距非常遥远。如果牛郎星每天走100千米，要用43亿年的时间才能走到织女星的身边。

大铁饼

要是能站在银河系的外面，从侧面看，整个银河系就像一个中间隆起、四周扁平的大铁饼；从上面俯视，银河系就像一个特大的旋涡，从银盘中心向外弯曲伸展出4条旋臂。太阳并不是银河系的中心。太阳离银河系的中心大约2.8万光年。银河系的中心在人马座的方向，这里的恒星特别密集，所以，人马座的银河部分看起来特别明亮。

行星为什么不像恒星那样会发光？

　　晴朗的夜空中，时常能看见繁星闪烁着光芒，就像是地上一盏盏明亮的灯。夜空中恒星都自己发光，但发光能力各不一样。恒星为什么会发光呢？行星为什么不会发光呢？

　　这个困扰了天文学家100多年的疑谜，到了最近几十年才揭开谜底。20世纪初，伟大的物理学家爱因斯坦研究出一个质量和能量关系式，从而帮助天文学家解决了这个疑难。原来天上的恒星，表

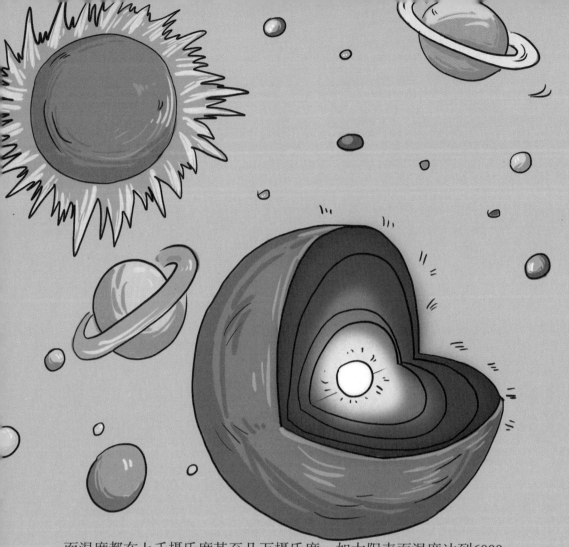

面温度都在上千摄氏度甚至几万摄氏度，如太阳表面温度达到6000摄氏度。最热的恒星发出青白色的光，表面的温度可高达4万摄氏度。在恒星的内部，温度高达1000万摄氏度以上，物质会发生热核反应，由4个氢原子核聚变成一个氦原子核，同时释放出巨大的能量。这种能量比化学燃烧释放的能量大100万倍以上。它们由内传到外，以辐射的方式，从恒星的表面发射到宇宙空间，使恒星长期在宇宙中闪闪发光。

解开了恒星发光的秘密，我们就知道行星为什么不会发光了。首先，行星的温度远远低于恒星，因此，行星自己不会发光的。再

者，行星的质量比恒星小得多。太阳系行星中质量最大的木星还不到太阳质量的千分之一，因此，行星从引力收缩而得到的能量，绝不可能使其内部的温度高到发生热核反应的程度。

也许你会有这样的疑问：月亮是行星，可是从地球上看月亮，月亮像个银色的圆盘，难道月亮会发光？其实，月亮本身并不会发光，月光是月球受到太阳的照射而反射出的太阳光。如果站在月球上看地球，地球也能发光。但是这种光也是反射的太阳光，因为地球本身也是不会发光的。不过，由于地球的直径是月球的4倍，因而在月球上看到的地球是一个巨大的银盘。

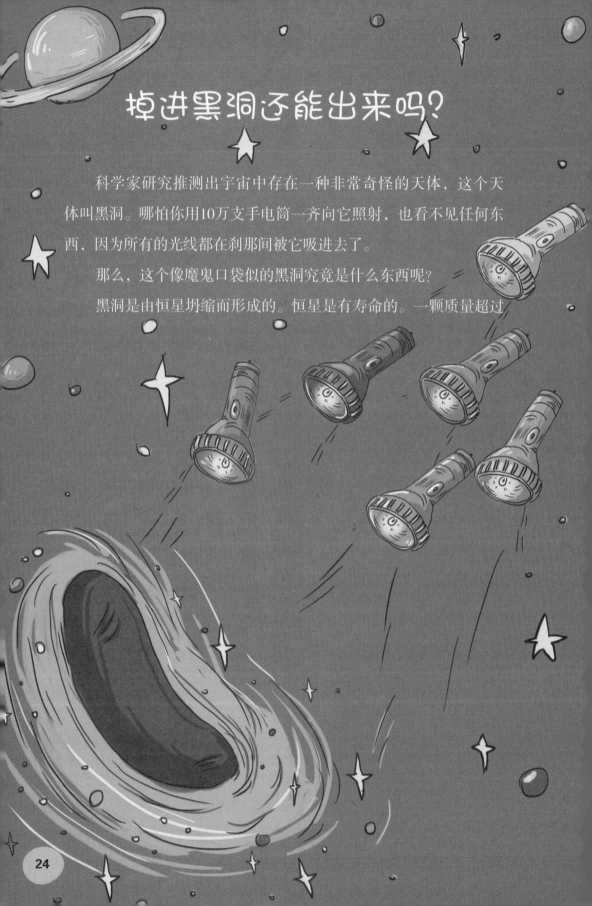

掉进黑洞还能出来吗？

  科学家研究推测出宇宙中存在一种非常奇怪的天体，这个天体叫黑洞。哪怕你用10万支手电筒一齐向它照射，也看不见任何东西，因为所有的光线都在刹那间被它吸进去了。

  那么，这个像魔鬼口袋似的黑洞究竟是什么东西呢？

  黑洞是由恒星坍缩而形成的。恒星是有寿命的。一颗质量超过

太阳20倍的恒星，在它的核能耗尽后，质量仍然会超过太阳两倍。由于它自身强大的吸引力，星体将无限制地收缩，半径愈来愈小，密度愈来愈大。这时它的引力大得足以使一切物质都不能外逸，就像一个漆黑的无底洞，因而称之为黑洞。黑洞并不是一个实实在在的星球，而是一个几乎空空如也的天体。

黑洞是爱因斯坦广义相对论所预言的一种特殊天体。它们的体积很小，而密度却极大，每立方厘米就有重达几百亿吨甚至更重。假如从黑洞上取来小米粒那样大小的一块物质，就得用几万艘万吨轮船一齐拖才能拖得动它。如果把地球变成一个黑洞的话，那么它只有小玻璃弹子那么大了。

人类一直没有停止对黑洞的探索。1970年12月，美国"自由"号巨型飞船飞上了太空，进行探索黑洞的活动。3个月后探测到天鹅座中的"天鹅X-1"射线源。"天鹅X-1"是个很强的X射线源，它有一颗看不见的伴星，根据"天鹅X-1"的运动，可以判断这颗伴星的质量约为太阳的10倍，很多人认为它可能是个恒星级的黑洞。天文学家还发现许多星系的核心有剧烈的活动，我们称它们为

活动星系核。它们的中心极可能是些巨大的黑洞，在贪婪地吞食周围物质的同时，发射出极其巨大的能量。

因为黑洞的密度大，所以它的引力也特别强大。黑洞内部所有物质都逃脱不掉黑洞的巨大引力。不仅如此，它还能把周围的光和其他物质吸引过来。黑洞就像一个无底洞，任何东西到了它那儿，就别再想"爬"出来了。

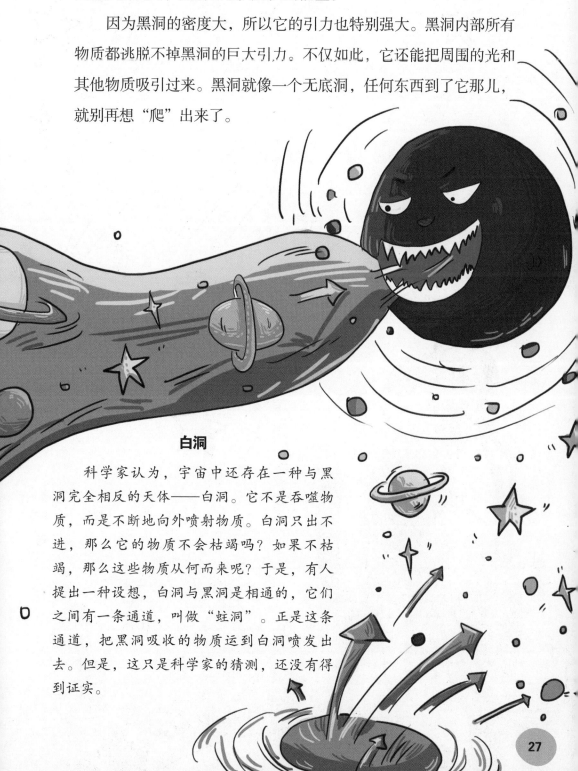

白洞

科学家认为，宇宙中还存在一种与黑洞完全相反的天体——白洞。它不是吞噬物质，而是不断地向外喷射物质。白洞只出不进，那么它的物质不会枯竭吗？如果不枯竭，那么这些物质从何而来呢？于是，有人提出一种设想，白洞与黑洞是相通的，它们之间有一条通道，叫做"蛀洞"。正是这条通道，把黑洞吸收的物质运到白洞喷发出去。但是，这只是科学家的猜测，还没有得到证实。

流星坠落是不吉祥吗？

流星在天空出现的时候，像一道光迅速地划过，人们还来不及细细地观察，它就悄然而逝了。在科学不发达的古代，人们认为流星的出现是不吉祥的征兆。古人认为每个人都对应着天上的一颗星星，哪个人死了，他所对应的那颗星星就会从天上掉下来，这就是"流星"。显然这种说法是十分荒唐可笑的。那么，流星坠落究竟

是怎么回事呢?

　　在太阳系中，除了八大行星和它们的卫星之外，还有彗星、小行星以及一些星际物质。这些星际物质小的似微尘，大的像一座高山，但它们和八大行星一样，时刻围绕太阳公转。这些星际物质就叫流星体。如果它们有机会经过地球附近，就有可能以每秒几十千米的速度闯入地球大气层，其上面的物质由于与地球大气发生剧烈摩擦，巨大的动能转化为热能，引起物质电离，发出耀眼的光芒，这就是我们经常看到的流星。

　　如果有一大堆流星体进入地球大气层，与大气摩擦而燃烧，那么，观测者将看到流星接二连三地从某一方天空发射出去，并向四下奔去，这就是壮观的流星雨现象。

　　流星雨的规模大小不同。有时在一小时中只出现几颗流星；有时在短短的时间里，在同一辐射点中能迸发出成千上万颗流星，就像节日中人们燃放的礼花那样壮观。

　　那么，流星在大气中没有燃烧完后，降落到地面上时会是什么呢？流星体经过地球大气层时，没有完全烧毁而落在地面上的部分

就是陨星，有纯铁质的、纯石质的和铁质石质混合的。

含石质较多或者全是石质的叫陨石，降落到地面的陨石较多。陨石大多来自小行星，目前地球上只有少数陨石来自月球和火星，但也有来自太阳系以外宇宙空间的。2004年12月11日夜里，在中国兰州附近坠落了一颗陨石，当时大部分人都已入睡，目击者不多。这块陨石估计有100千克重。目前中国有陨石4000多块，总数居世界第三。世界上最大的一块陨石是于1976年3月8日陨落在中国吉林省的陨石中的一块，重1770千克。而在中国新疆曾降落过一块陨铁，重30吨，居世界第三位。

太阳活动剧烈吗？

　　光芒四射的太阳，表面看上去显得平静而安详，但实际上，太阳的活动有时候十分剧烈。用天文望远镜观测，会发现太阳表面上布满了密密麻麻的如同"米粒"一样的东西，它们正是太阳上层灼热的翻腾气体所掀起的波浪。除此之外，太阳黑子、日珥、耀斑等现象的发生也是太阳剧烈活动的表现。

黑子
周期

　　要了解太阳的活动情况，必须先解密太阳的结构。太阳是一个炽热的气体大火球，从内到外，可分为核心区、辐射区、对流区和表层。太阳的表层从内到外可分为光球层、色球层和日冕。太阳大气的内层叫光球层。当你看太阳的图像或照片时，看到的是太阳圆圆的外层，就是太阳的光球层，它能发出耀眼的光辉。色球层是太阳大气的中间层，呈红色，温度高达几千至几万摄氏度。日冕是太阳大气的最外层，发光比色球层弱，只有在发生日食时或借用仪器才能看到它。色球层和日冕会发生日珥和耀斑等现象。

　　太阳黑子是一切太阳活动中最基本、最明显的活动现象。一

一般认为，太阳黑子实际上是太阳表面一种炽热气体的巨大旋涡。形成太阳黑子的气体旋涡中心深达100千米，内部物质的运动速度达每秒2000米，比地球上12级台风的速度还要快几十倍。太阳黑子很少单独行动，一般成群地出现。太阳黑子的数量越多，它附近出现的其他太阳活动的现象也越多。

在所有的太阳活动中，最激烈的是耀斑。一个较大的耀斑相当于几亿颗氢弹爆发所释放出来的能量。能量的短暂释放，造成太阳上空出现耀斑。耀斑的寿命通常只有几分钟，最长的也不过几个小时。

日珥是一种极为壮观、美丽的气柱喷射现象。巨大的火舌从色球层上升腾而起。有的日珥像巨大的喷泉，有的像节日夜空的礼花，有的像拱桥和怪石。日珥的喷射高度非常惊人，可以达到几万、几十万甚至上百万千米。

太阳为什么能不断地发出光和热?

人类的生存、万物的生长都离不开太阳。太阳不断地发出光和热,为地球提供能量,而且这一过程已经持续了50多亿年了。对此,人们不禁要问,太阳为什么能这样持久地发出光和热呢?它源

源不断的能量又是从哪里来的呢？

　　古人曾以为太阳是天上的一个巨大的火炉，但是计算表明，即使太阳全部由最好的优质煤组成，又有足够的氧气让其充分燃烧，以它所发的光和热，至多也只能够烧7500年。显然，认为太阳是火炉的观点是荒谬的。

　　科学家们经过研究发现，太阳是一个大火球，表面温度高达6000摄氏度。炼钢炉内沸腾着的钢水，其温度也只有1700摄氏度，只是太阳温度的三分之一。在太阳这么高的温度下，一般的物质都会被燃烧成灰烬，就连"不怕火"的真金，也不仅会立即被熔化，而且还会变成气体。

　　而这些只是太阳的表面情况。太阳上含有极为丰富的氢元素。在太阳的中心有一个核，体积大约是太阳整个体积的1/64，那里的温度高达1500万摄氏度，压力也达到3000亿个大气压。在高温高压下，氢原子核互相作用，结合成另一种元素氦，同时释放出大量的光和热。

太阳每秒钟放出的能量约等于115亿吨煤炭燃烧产生的热量。太阳每年给地球的能量相当于100亿度电力，比全地球发电总量大几十万倍呢！

太阳蕴藏着非常巨大的能量。科学家研究，在前50亿年里，太阳发出的光和热所消耗的质量只是其质量的0.03%，照此推算，太阳还具有可以继续放射几十亿年的能量。

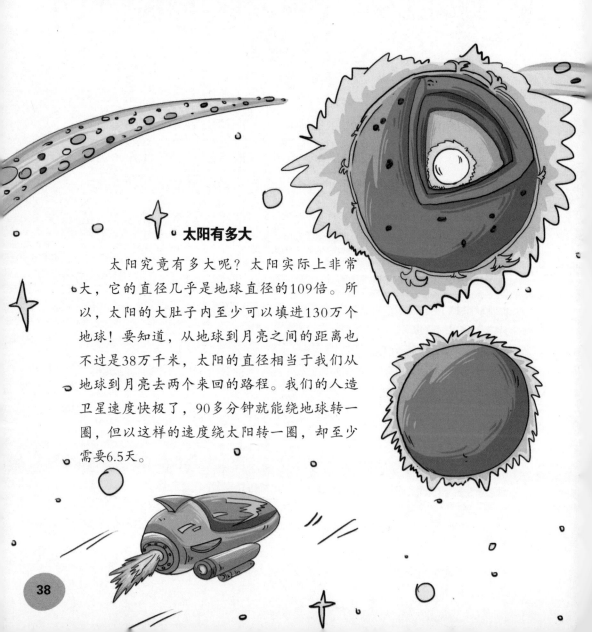

太阳有多大

太阳究竟有多大呢？太阳实际上非常大，它的直径几乎是地球直径的109倍。所以，太阳的大肚子内至少可以填进130万个地球！要知道，从地球到月亮之间的距离也不过是38万千米，太阳的直径相当于我们从地球到月亮去两个来回的路程。我们的人造卫星速度快极了，90多分钟就能绕地球转一圈，但以这样的速度绕太阳转一圈，却至少需要6.5天。

金星为什么那么神秘？

　　1797年12月10日，拿破仑从意大利凯旋时，本来有许多人在巴黎的大街上恭候这位富有传奇色彩的统帅，可是当他走在街道中时，发现这些欢迎者在他出现的时刻，却把目光一齐转向西边的天空，在看着一颗光芒四射的星星，弄得拿破仑心里非常不满。

　　人们看到的这颗明亮的星就是金星。它是我们的天空中除了太阳和月亮以外最亮的星。即使我们把全天空七千来颗可见的恒星的

星光合起来，也只不过比金星亮20%左右。

　　金星的体积、质量都和地球接近，它也有大气层。以前，人们一直认为金星是地球的"孪生姐妹"，可能有生命存在。自1961年以来，苏联先后向金星发射了14个行星探测器，证明金星的大气中有一层又热又浓又厚的硫酸雨滴和硫酸雾云层。大气中有占97%的成分是二氧化碳，其地面温度达到480摄氏度以上。显然，在这样

的环境中，生命是难以存在的。

金星一般出现在黎明前的东方和黄昏后的西方。天亮前后，东方有些发白的天空，有时会出现一颗相当明亮的"晨星"，人们称之为"启明星"；黄昏，西方天幕上，有时也会出现一颗相当明亮的"昏星"，人们称之为"长庚星"。这两颗星，实际上都是同一颗星，就是金星。

金星的这个习惯，同它在太阳系中所处的位置有关。它的轨道在地球的轨道里面，是一颗内行星，离太阳的距离比地球要近。从地球上观察，金星总是在太阳的东西两侧不超过48度的范围内来回移动，绝不会跑得太远。金星总比太阳早大约3个小时升起来，迟3

个小时落下去，所以人们只有在黎明前或黄昏时候才能见到它。

　　太阳系的八大行星中，只有金星是自东向西自转的，那么，这是一种偶然吗？科学家经过研究发现，金星的这种自转方式是一种更稳固的运动状态。研究表明，有四种运动状态是比较稳定的，其中两种是自西向东的"正转"，两种是自东向西的"反转"。而反转的状态又比正转更加稳定。

火星上有没有生命？

一个世纪以来，关于火星上有没有外星人的争论持续了好长时间。火星上到底有没有外星人，那些备受瞩目的"火星人"真的存在吗？

火星与地球相比，有许多相似的地方。火星上既有春夏秋冬四季的变化，也有白天和黑夜的交替；它的自转角度和周期与地球极为相似，火星上看到的地球也是东升西落。而且，在茫茫的宇宙中，火星是与地球温度最接近的一颗行星。但是火星的昼夜温差极大，白天最高气温达到28摄氏度，而到了夜间却可以下降到零下132摄氏度左右。

1000万年前，火星上曾经发生过洪灾。科学家从对火星赤道以

北的平原地区拍摄的照片看，那里的地形和曾经发生过洪灾的地区有着惊人的相似之处，地表受到过侵蚀，有错位的现象。这些都是洪水曾经从地表冲刷过的迹象。这些发现表明，在火星上确实曾发生过大规模的洪灾，但是现在，火星却是一个异常寒冷干燥的星球。

从1962年以来，苏联和美国相继发射了15个火星探测器。通过一系列的实地观测，人们终于窥见了火星的真面目。原来火星上并没有什么"火星人"，甚至没有找到任何生命的足迹。火星表面干燥、荒凉、寒冷，布满着沙丘、岩石和火山口。原来曾引起天文学家高度

重视的火星运河，只是些排列成行的火山口。火星上既像撒哈拉沙漠那样干燥，又像南极洲那样寒冷。它上面的峡谷要比地球上的大得多，深得多。它的最高山峰却有珠穆朗玛峰的3倍高。火星上也有大气，但极为稀薄，其中95%是二氧化碳。种种迹象表明，火星上并没有生命存在的迹象。

但是1996年秋，美国科学家从采自南极的一块火星陨石上，发现了微生物的遗迹，由此又给人留下了火星上可能存在生命的想象空间。火星上是否有火星人成为人类将要去解开的谜团。

火红的天空

从太空上看地球表面是一片蔚蓝，漂亮至极。但在太空看火星的基本色彩是橙红色。这是因为火星的大气很稀薄，火星满地是棕红色的细沙，又经常刮大风，空气中飘浮着大量沙尘。这些尘粒散射阳光中的红色光，使火星天空呈现红色。

土星为什么如此美丽动人？

在太阳系行星家族中，土星算是一颗最美丽的行星。即使你对天文学不感兴趣，但只要在望远镜中看上土星一眼，肯定会对它妩媚的身姿留下终生难忘的印象。因为土星有一条又宽又亮的光环，就像是圆脑袋上戴上了一顶帽子，可爱极了。

土星的光环早在1656年就被荷兰天文学家惠更斯发现了，但是光环的实质直到200年之后才被弄清。土星的光环是由无数包着冰层的大大小小的岩石碎块构成的。它们排列得密密麻麻，都在一个差不多的平面上，沿着自己的轨道围绕土星旋转。包着冰层的大小岩石碎块在阳光照耀下，反射出多种色彩，形成七个彩色同心环。

土星七个光环都不是整体的结构，每一个环都是由成百上千条挤在一起的细环组成，而且即使是在环与环之间的缝隙里，也还有很多用普通望远镜看不到的细环。由它们组成了我们看到的美丽光环。所以，土星又有"星中美人"的雅号。

从地球上看，土星光环的形状总是在发生变化，有几年甚至会"消失"。这是由光环的形状决定的。当土星的光环倾斜时，观测者从某一个角度就可以看到这些光环；偶尔，光环也会竖立着，因为光环薄，人们就无法看到它们了。这时，土星的光环就像消失了一样。

外表美丽的土星却是一个虚胖子呢！太阳系九大行星中，论体重和个头，土星都是老二，仅次于木星。但是，土星只是一个虚弱的"胖子"，因为它的平均密度只有0.7克/厘米^3，比水的密度还要小。如果把太阳系所有的行星都扔进水里，那么会像皮球一样浮在水面上的肯定是土星。

月亮的外貌为什么变化万千？

浩瀚星空中，月亮所承载的美丽动人的神话传说，为人间平添了许多诗情画意！广寒宫里琼楼玉宇，有嫦娥仙子舞翩翩，有玉兔捣药……不仅如此，月亮外貌变化万千，有时像弯弯的眉毛，有时又像圆圆的银盘，引发人们的思考。那么，月亮为什么会有阴晴圆缺的变化呢？

大家都知道，月亮本身不发光，只是把照射在它上面的一部分太阳光反射出来，这样，对于地球上的观测者来说，随着太阳、月亮、地球相对位置的变化，在不同日期里月亮呈现出不同的形状。进一步说，月亮被太阳照射到的部分是明亮的，没有照射到的部分是黑暗的。虽然月球每次被太阳照到的都是半个球体，但由于太阳、地球与月球的位置天天都在发生变化，因而，有时月亮把完全明亮的一面正对着地球，有时把完全黑暗的一面正对着地球，有时又把侧面对着地球。这样月亮就表现出了阴晴圆缺的变化。

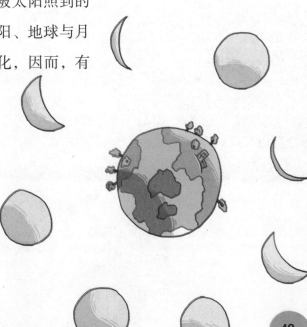

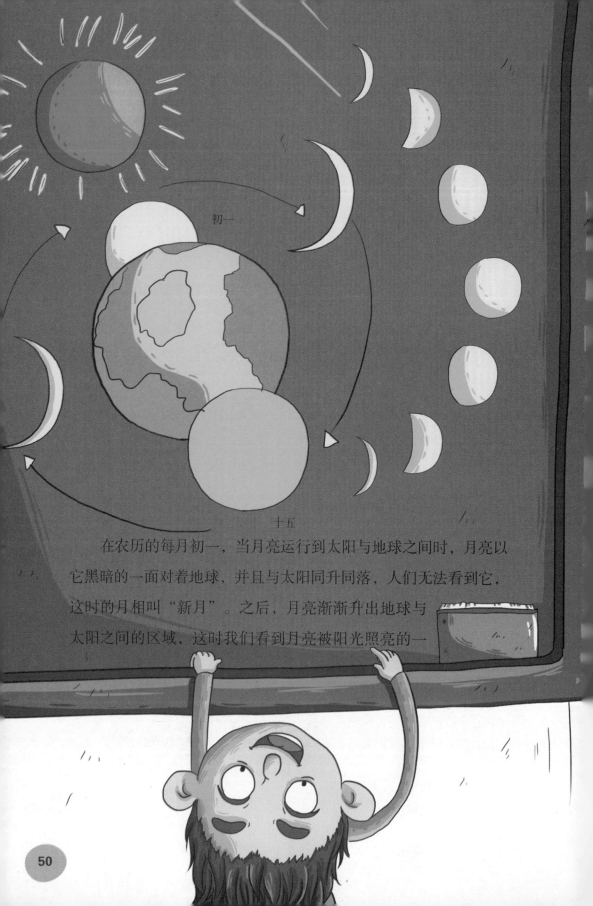

初一

十五

　　在农历的每月初一，当月亮运行到太阳与地球之间时，月亮以它黑暗的一面对着地球，并且与太阳同升同落，人们无法看到它，这时的月相叫"新月"。之后，月亮渐渐升出地球与太阳之间的区域，这时我们看到月亮被阳光照亮的一

小部分，形如弯弯的娥眉，所以这时的月相叫"娥眉月"。到了农历十五、十六时，月亮运行到太阳的正面，太阳和月亮呈180度，即地球位于太阳和月亮之间，这时的月相称为"满月"。满月之后，月亮又"日渐消瘦"，经历几个阶段后，又回到了新月。

我们都知道，太阳能给人类带来光和热。可是月光只给人微弱的光，却不会给人以温暖。因为月光是阳光的反射，而且反射的光线也不大。就算是月亮最圆最亮时，也只是阳光的四十六万分之一。科学家做过实验，在月光照射下，温度仅升高0.01℃。这么细微的变化，人类自然感觉不到了。而且，平时的月光并不是满月的一半，而是满月时的8.3%和7.8%。这么微弱的光，人类自然就感觉不到温暖了。

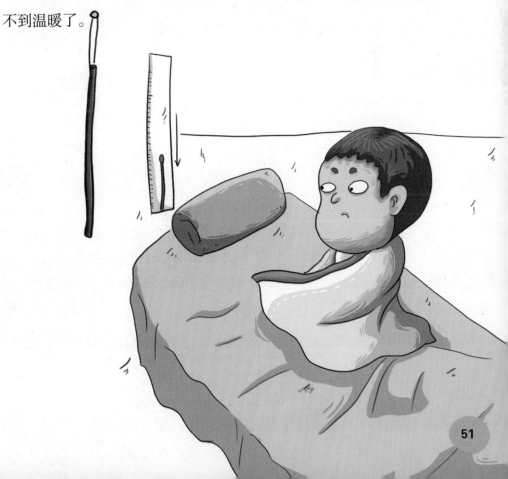

日食和月食是怎么回事？

传说在2500多年前，亚洲西部的两个小国家正准备交战。希腊科学家泰勒斯警告他们："如果你们不和好，要交战，上天会惩罚你们，不会再给你们太阳了。"听了这话，两位国王犹豫不决。这时，圆圆的太阳忽然变成了月牙形，并逐渐失去了光辉，最后终于消失不见了。惊恐中，两国罢战言和，重归旧好。

其实这个天文现象只不过是发生了一次日食，泰勒斯巧妙地利用自己的天文知识，使两个国家和好了。

为什么会发生日食呢？这是因为月亮围绕着地球旋转，同时，地球又带着月亮绕太阳旋转。地球和月亮都是不会发光的天体，在太阳光的照射下，它们背向太阳的一面拖着一条长长的影子。这样就产生了日食和月食现象。

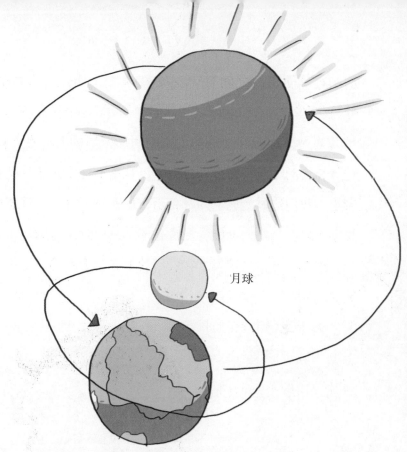

当月球运行到太阳和地球之间时，如果太阳、月球和地球三个天体恰好位于或接近同一条直线，从地球上看去，太阳就被月亮挡住了，于是人们便看到日食现象。等月亮从太阳前方让开后，大地上又充满了阳光。

月球在农历的每月初一运行到太阳与地球之间，所以日食必定发生在这一天。但并不是每逢这一天都有日食发生。因为月球轨道

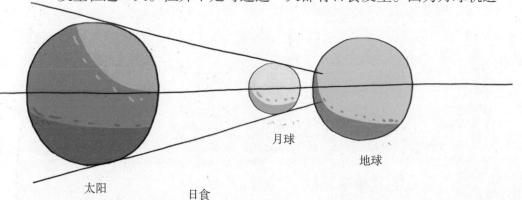

太阳　　　　　　日食　　　　　月球　　　地球

面与地球轨道面之间有5度左右的夹角，所以大多数的这一天，月球虽然处于太阳和地球之间，但它们并不在同一直线上。

当月亮运行到地球和太阳的阴影区域内时，在太阳光照射下，地球长长的影子正好投到月亮上，本身不会发光的月亮躲在地球的黑影里，我们这时就见不到月亮了，这就是月食。等月亮从地球的影子里钻出来后，我们又能看见月亮了。月食时，地球处于月球和太阳之间，因此，月食必定发生在农历的十五、十六日。日食每年最多看到五次，月食每年最多看到三次。

由于观测者在地球上的位置不同和月球到地球距离的不同，所看

月食

到日食和月食的情况也不同。日食有日全食、日环食、日偏食；月食有月全食和月偏食。发生日食时，月球遮住太阳，站在地球上观看，完全看不到太阳，这叫做日全食；而站在地球上看到太阳被月球遮住了一部分，这叫作日偏食；如有时月球的影子投射不到地面上，那么人们还能看见太阳的边缘，也就是说月球只遮住了太阳的中心部分，这种现象叫作日环食。

观察日食

观看日食时，不能用眼睛直接对着太阳观看。几十年前，德国有几十个人因为直接用眼睛看日食而双目失明。直接用眼睛观看日食会伤害眼睛，这是因为眼睛里有一个水晶体，它能起聚光镜的作用。眼睛对着太阳看，太阳光中的热能被它聚集在眼底的视网膜上，人就会觉得刺眼。如果看的时间长了，视网膜就会被烧伤而失去视力。

彗星为什么拖着尾巴？

彗星在中国俗称为"扫帚星"，它的形状很特别，头部圆圆的，尾部常常是散开的，像一把扫帚。在科学不发达的年代里，彗星总被人们误认为是重大事件的预兆，如战争、瘟疫、洪水或地震。彗星在天空的出现总是突如其来，不像其他的星球如太阳、月亮和别的行星，有规律地按照一定的轨道周而复始，这使彗星充满了神秘感。

其实，彗星是一大团夹杂着冰粒和宇宙尘埃的冷气，沿着扁长的椭圆形轨道绕太阳运行。它一般由彗核、彗发和彗尾三部分组成。

彗核是彗星的主要部分，它集中了彗星的大部分质量。它是由凝结成冰的水、二氧化碳、氨和尘埃微粒混杂组成的，好似一个脏兮兮的冰冻大雪球；彗

核外面包裹着一层像云雾一样的东西，称为"彗发"。

"彗发"是当彗星比较靠近太阳时，在阳光作用下，由彗核中蒸发出来的气体和微尘组成的。彗核和彗发合称"彗头"。当彗星接近太阳时，彗发变大，在太阳风和太阳光的压力下，彗发中的气体和微尘被推向后方，形成一条长长的像大扫帚那样的尾巴，叫"彗尾"。因此，彗尾总是背着太阳的，而且彗星离太阳越近，彗尾就越长。

彗尾分为气体彗尾和尘埃彗尾两种，所以有时候会出现两条以上的彗尾。当彗星运行到离太阳比较近的地方，同时又比较活跃时，气体彗尾和尘埃彗尾常常同时出现。1825年出现大彗星时，有人在澳大利亚观测到它有5条彗尾。

人类已经发现了上千颗彗星。它们可以分为周期彗星和非周期彗星。周期彗星又可分为短周期(绕太阳公转周期短于200年)彗星和长周期(绕太阳公转周期超过200年)彗星。非周期彗星只是来自太阳系之外的不速之客，无意中闯进了太阳系，瞬间即逝，归回到茫茫

的宇宙深处。

彗星的体积非常庞大，在太阳系里没有任何一个天体可以和它相比。大的彗星，彗头的直径就有185万千米，相当于地球直径的145倍；小的彗星，彗头的直径也有13万千米，是地球直径的10倍多。一千多年前出现了一颗巨大的彗星，彗头直径竟然比太阳直径还大得多。它的彗尾长达1.6亿多千米，体呈圆锥形，大约是太阳体积的2万倍。因此，在太阳系中，从体积来看，彗星属老大，太阳只能算是老二。

地球在宇宙空间为什么不会往下掉？

在我们的认知里，因为有地心引力，因此所有的东西都会往下掉，树上熟透的苹果会掉下来，往空中扔的球也会掉下来……那为什么地球在宇宙空间不会往下坠呢？

古时候，人们提出了各种各样的猜想。有的人说地球是由三条浮在海上的大鲸鱼背着的；还有些印度人认为，地球是由四只他们心目中的大力士，也就是大象顶起来的；巴比伦人甚至还提出更有趣的看法，他们说地球像块木头一样浮在海洋上。这些古怪的、形

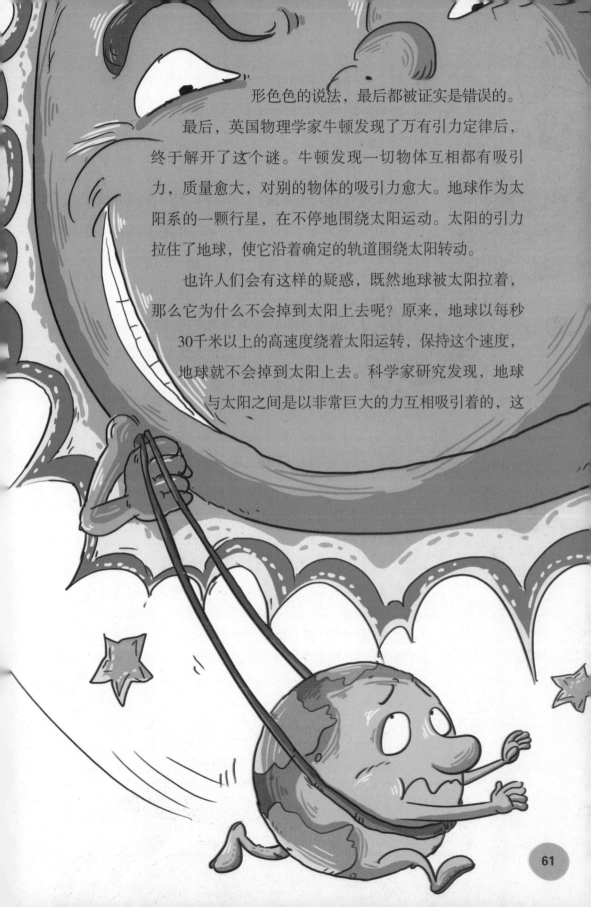

形色色的说法，最后都被证实是错误的。

最后，英国物理学家牛顿发现了万有引力定律后，终于解开了这个谜。牛顿发现一切物体互相都有吸引力，质量愈大，对别的物体的吸引力愈大。地球作为太阳系的一颗行星，在不停地围绕太阳运动。太阳的引力拉住了地球，使它沿着确定的轨道围绕太阳转动。

也许人们会有这样的疑惑，既然地球被太阳拉着，那么它为什么不会掉到太阳上去呢？原来，地球以每秒30千米以上的高速度绕着太阳运转，保持这个速度，地球就不会掉到太阳上去。科学家研究发现，地球与太阳之间是以非常巨大的力互相吸引着的，这

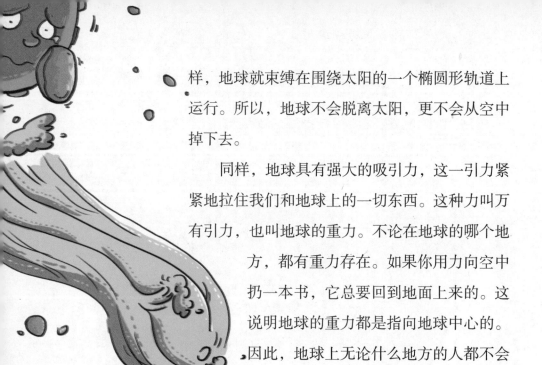

样，地球就束缚在围绕太阳的一个椭圆形轨道上运行。所以，地球不会脱离太阳，更不会从空中掉下去。

同样，地球具有强大的吸引力，这一引力紧紧地拉住我们和地球上的一切东西。这种力叫万有引力，也叫地球的重力。不论在地球的哪个地方，都有重力存在。如果你用力向空中扔一本书，它总要回到地面上来的。这说明地球的重力都是指向地球中心的。因此，地球上无论什么地方的人都不会掉下去，也不会觉得头朝下。

不速之客

地球其实不是一块平静的乐土。过去46亿年里，地球接待了许多莽撞的不速之客。6500万年前，一颗巨大的小行星撞击了墨西哥尤卡坦半岛，掀起的尘土笼罩在空中久久不散，地面至少有6个月处于黑暗状态，并由此开始了长达10年的寒冷年月，大量动植物遭到灭顶之灾。1908年6月30日清晨，在西伯利亚中部，一个巨大的火球从天空中划过，它着地之后引起了一场大爆炸，扫平了大约2000平方千米的森林，引起的大气冲击波绕地球两圈。

为什么我们感觉
不到地球在运动?

俗话说"坐地日行八万里",即使我们站着不动,也正随着地球在自转,以我们意想不到的速度在运动着。在赤道上,物体随着地球自转的运动速度达到465米／秒,一天约移动了 4 万千米,即"八万里"。既然我们运动得如此之快,为什么一点儿感觉都没有呢?

要解开这个疑团，我们先来打个浅显的比方。在生活中，我们都有这样的经验，当我们乘坐火车在铁轨上飞驰时，铁轨两岸的山壁及其他景物如飞一般移过，这时我们会觉得火车行驶得非常快。如果我们闭上眼睛或者只是看着火车车厢里的物体，就感觉不到火车行驶得很快。原来，我们是通过周围景物的相对移动来判断我们自身的运动的。而且，景物离我们越近，在视觉上，它的相对运动就越明显。

地球这辆列车在宇宙空间行驶的时候，我们也用同样的速度跟

着地球一起转动。而我们周围的一切事物正和我们自己一样，随着地球一起在运动，所以我们感觉不到地球在不停地运动。

　　地球自转很平稳，而且看不到四周有后退的景物，只有远处的星星可以帮我们看出一点运动的迹象。但是星星离我们实在太远，短时间里很难察觉出它们在移动。不过，我们每天能看到太阳、月亮、星星的东升西落，这就是地球自转的结果。

我们不仅感觉不到地球在运动，更感觉不到地球运动速度越来越慢。过去人们一直认为地球是以均衡速度自转的，一年四季都不会有变化。但是，澳大利亚阿得雷大学的地理学家认为，地球的自转速度在逐渐变慢。由于地球越转越慢，从而使地球上一天的时间越来越长。美国航天局研究人员发现：地球每天的时间都比前一天延长1/1700秒。所以，每过一年，一天的时间就要延长半秒。这么细微的变化，我们当然感觉不到喽！

人类发明了哪些航天器？

科学发展到今天，人类既可以下海，在海底像鱼儿一样自由地游弋，又可以上天，像鸟儿一样在天空飞翔。你知道吗？人类发明的航天器有无人航天器和载人航天器两种。无人航天器包括人造卫星和空间探测器两大类，载人航天器包括宇宙飞船、航天飞机、空间站、空天飞机和轨道间飞行器。

人造卫星是航天器中最庞大的家族，它的数量占航天器总数的90%。

大部分卫星是用于对宇宙星球和其他宇宙现象作天文观测，以及作空间物理环境探测的，叫科学卫星。科学卫星经常被用来做科学实验。原来，物理学、生物学和医药学中的许多实验，在地面上不能圆满完成，只有在太空的微小重力环境中才能取得成功。应用卫星是人造卫星中的主要成员，它们和人们的生活紧密相关。应用卫星包括气象卫星、通信卫星、侦察卫星等。

空间探测器是对月球和其他行星进行逼近观测或直接取样探测的航天器。它在太空中运行的速度要比人造卫星快得多。

　　宇宙飞船是世界上最早发明的载人航天器，它属于一次性使用的航天器。宇宙飞船可以像卫星那样绕地球运行或登月飞行，也可以充当空间站与地球间的往返运输器。

　　航天飞机是一种能经常往返于太空和地面的运载工具。它既能像火箭那样发射升空，又可以像飞机那样飞回地面。

　　汽车要进站，轮船要进港，空间站是航天飞机和宇宙飞船在太空中的"港湾"。但是空间站运转一段时间后，里面的设备需要维修，给养需要补充，人员需要更换，这些工作都需要通过航天器之间的对接来完成。对接就是使两个或两个以上的航天器在预定的时间和预定的轨道位置相会，并在结构上连接起来。1995年6

月，美国的"亚特兰蒂斯号"航天飞机和俄罗斯的"和平号"空间站在太空首次对接成功。2001年7月31日，美国"亚特兰蒂斯号"航天飞机与正在建造中的国际空间站对接成功，航天飞机上的5名宇航员与国际空间站上的3名常驻宇航员胜利会师。

近年来，人类研制出一种新型飞行器——空天飞机。这是一种既可以航空，即在大气层中飞行，又可以航天，即在太空中飞行的飞机。空天飞机的全称叫航空航天飞机。

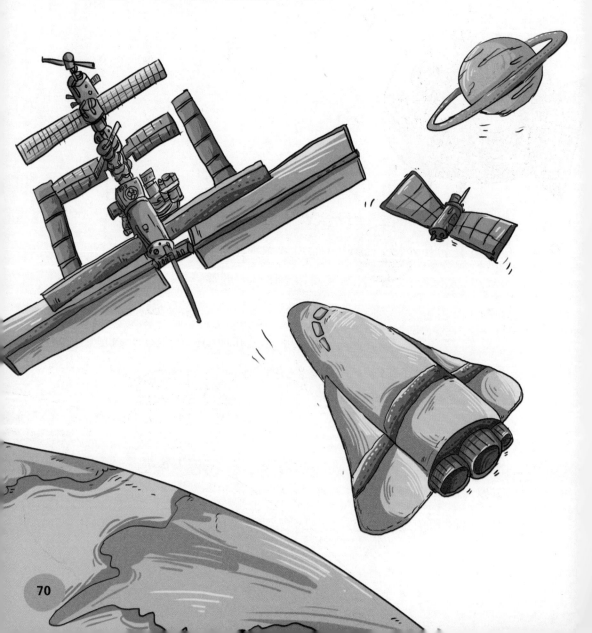

航天飞机是什么样的飞行器?

我们把在大气层内的飞行称为航空;飞出大气层,在太阳系空间的飞行称为航天。航天飞机是兼有航空和航天功能的空中运载工具,可以在太空、地面来回飞行。

航天飞机是一种集火箭、卫星和飞机等航天器的技术特点和优点于一身的新型航天工具。它的发射与普通飞机不同,是由火箭助推器推动垂直升空的。航天飞机发射之前由上下两部分组成。上半部分是主体,叫做轨道器,它的形状类似普通飞机。下半部分是由

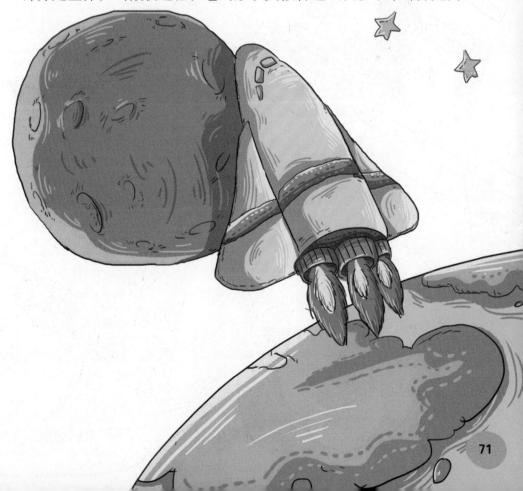

两台固体助推火箭和一个大燃料箱组成的，这部分足足有十几层楼房那么高。航天飞机发射时，在火箭的推动下迅速地冲出稠密的低层大气。当它上升到五六十千米的高空时，助推火箭自行脱落。当航天飞机快要到达预定轨道时，庞大的燃料箱也用完燃料而自动坠入大气层烧毁……当它进入高空后，会启动航道飞行器，进入预定轨道，然后像卫星那样在预定轨道上绕地球飞行。航天飞机返回地面时，又像普通飞机那样在跑道上滑翔着降落。

这样，航天飞机就只携带着轨道器进入太空轨道飞行。当它返回时，因为摆脱了所有累赘，所以就能像飞机那样轻盈地降落了。

可别小瞧航天飞机，它的优点可是别的航天器没法比的，它最大的优点是可以重复地使用，这大大降低了成本。运载火箭和宇宙飞船，只使用一次就不能用了。因此，航天飞机是航天技术的一个重大飞跃，是人类最杰出的科学技术成就之一。

那么，航天飞机有些什么用途呢？它用途可广泛了，它可以将人造卫星带到高空后再释放，也可以捕获人造卫星入舱内进行维修，维修完毕后再放回原定轨道飞行；航天飞机能不断地给空间或其他航天器运送宇航员和燃料、食品、科研器材等，它的货舱很大，一次可以装载一颗大型或一批小型人造天体；更主要的，航天飞机本身就是一个太空科研场所。现在，航天飞机还用于军事，因为它可以对空间轨道上的别国间谍卫星进行拦截、破坏和捕获，这些是地面上的军事设备做不到的。

火箭是怎么飞出地球的?

　　火箭要想飞出地球，必须达到战胜地球吸引力的速度。科学家计算过，火箭的速度只有达到每秒钟飞行7.9千米，才能克服地球的吸引力，绕着地球旋转而不掉下来；每秒钟飞行11.2千米，才能飞出地球；要想飞出太阳系，速度则要达到每秒钟16.6千米才行。

　　要使火箭达到这样快的速度，就得让它带上很多的燃料。所以科学家采用当今最好的燃料和最轻型的材料，以及最先进的设计。但目前用一台或几台发动机组成的单级火箭，其最大的速度也只能

达到每秒五六千米，远远达不到宇宙飞行的速度。

出路在哪里？于是科学家想出了使用多级火箭的方法，像接力赛跑一样送飞船上天。科学家把两个以上的火箭，头接尾、尾接头地衔接在一起。当第一级火箭燃料用完以后，它就会自动地掉下来，接着第二级火箭立即发动；当第二级火箭燃料用完以后就会自动地掉下来，接着第三级火箭发动起来，等到第三级火箭燃料烧完，它已经达到每秒钟7.9千米或11.2千米的速度，第三级火箭里的飞船就可以绕地球转圈了，或者飞出地球到月球上去了。

我们都知道，飞机起飞时，屁股后见不到起火，而火箭起飞时，屁股后有一条长长的火焰。这是因为火箭起飞靠的是火箭发动机向下喷气。火箭发动机的喷管从火箭屁股处伸出，燃料燃烧时温

度常常高达几百摄氏度，加上还有一些没烧完的燃料在继续燃烧，所以有很强烈的火光。

　　在看火箭发射直播的画面时，如果细心一点，你会发现会采用倒计时的方法，10分钟准备，5分钟准备……1分钟准备，直到发射前10秒钟，而后是10、9、8……3、2、1，起飞！这种倒计时方法的运用还有一个故事呢！据传，德国导演弗里茨·兰在拍摄科幻电影《月里嫦娥》时，为了发射一枚火箭模型，首创了发射火箭时

的倒数计时。这种计时，
既符合火箭发射规律和人
们的习惯，又能清楚地表
示火箭发射的准备时间在
逐渐减少。这种倒计时，
会使人产生准备时间即将
完结、发射即将开始的紧
迫感觉。之后，德国、美
国和苏联研制的火箭和导
弹，发射时也都采用了这
种程序，一直沿用至今。

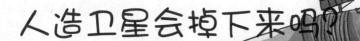

人造卫星会掉下来吗？

人造卫星是人类的好帮手，可以帮人类做很多事情，比如转播电视节目、预报天气、用于军事侦察、帮助科学家科研等。可是，人造卫星在天上绕着地球转，没有人驾驶会不会掉下来呢？

大可不必担心，人造卫星在预定的轨道上运行，这个轨道是经过科学家精心计算和设计出来的，所以，人造卫星一般是不会掉下来的，因为地球对它的引力和卫星的离心力保持着一种平衡的状态。

人造卫星在绕地球旋转时的速度很快，快到每秒钟七八千米，

这样才能很好地被地球的引力吸住，而在空中围着地球绕圈。这个速度比汽车、火车要快200多倍。人造卫星从北京上空到西藏拉萨上空，只要5分钟。月亮绕地球转一圈要29.5天，人造卫星不到2小时就能绕地球转一圈。

可是，卫星轨道有时也会因为空间的空气阻力、太阳辐射的压力以及其他星球的引力等发生变化。这些变化会妨碍卫星的正常运行，致使卫星有掉下来的可能。为了保证卫星正常运行，科学家为卫星设计了让它环绕自身的轴线快速地旋转的稳定方案，因为一个向前运动的物体，同时快速自转，运动的方向就不会受到外界的影响，运行姿态比较稳定。

可是当航天器完成了它的使命，科学家就有可能人为地让它从太空掉下来，自动坠毁。比如

著名的"和平号"空间站，在太空飞行历时15年1个月，绕地球转了近10圈，先后接待了12个国家的108名宇航员，为人类探索太空作出了不可磨灭的贡献。但由于它设备老化、运行费用庞大等原因，于2001年3月23日被遥控坠入大海。

搜索营救卫星

"SOS"是国际通用的救援信号。长期以来，飞机失事、船舶遇难，通常用无线电发送"SOS"信号呼救。人们研制了一种搜索营救卫星发射到天空。卫星绕地球一周只需102～105分钟，不仅搜索范围大，而且发现目标快。当飞机或船只失事时，就会不断地发出紧急呼救信号。经过上空的卫星接收到信号后，将信号转发给地面信息接收站，地面信息接收站将情报送到飞行指挥控制中心，由它向出事地区的救援组织发出通知，进行营救。

宇宙飞船是怎么飞上太空的？

宇宙非常辽阔。如果把太阳系包括的太空比作一座大礼堂，地球就只有一只瓢虫那么大，金星、火星等不过像一只小甲虫。这时的宇宙飞船有多大呢？还比不上一粒小灰尘。

那么，宇宙飞船的结构怎样呢？它通常是由三部分组成的。一是返回舱，这是整个飞船的控制中心，可以供航天员乘坐；二是轨道舱，这里装有各种实验仪器和设备，是宇航员在太空时的工作场所；三是服务舱，装备有推进系

统、电源和气源等设备。因为宇宙飞船的体积和重量都不是很大，船上携带的燃料和生活用品有限，因此飞船每次只能乘载两三名航天员，在太空中停留的时间也只能是短短的几天。

怎样才能把宇宙飞船送到太空上去呢？首先得有一条准确的飞行路线。决定这条路线可不容易，空间这样辽阔，地球在动，它绕着太阳转圈儿，每秒钟的速度是30千米；宇宙飞船的速度是每秒钟11.2千米。因此，要把飞船发射到太空中，必须经过很精确的计算，并且让宇宙飞船在飞行中不断地调整路线，才能到达太空。

宇宙飞船是乘着火箭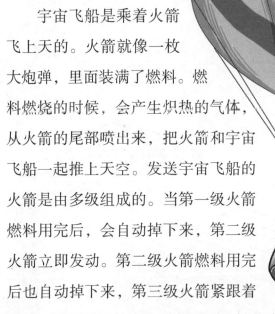
飞上天的。火箭就像一枚
大炮弹，里面装满了燃料。燃
料燃烧的时候，会产生炽热的气体，
从火箭的尾部喷出来，把火箭和宇宙
飞船一起推上天空。发送宇宙飞船的
火箭是由多级组成的。当第一级火箭
燃料用完后，会自动掉下来，第二级
火箭立即发动。第二级火箭燃料用完
后也自动掉下来，第三级火箭紧跟着
发动，这样就能使宇宙飞船达到足够速度，并沿着计算好的轨道在
太空中遨游。

宇宙飞船飞回地球时，受到地球引力的吸引，速度会越来越
快，如果不想办法降低速度，飞船就会冲进大气层，像流星那样被
烧掉；所以，飞船进入大气层后，速度会越来越
慢。当速度减小到每秒钟只有200米时，宇航员就
可以打开降落伞，使飞船慢慢降落到地面。

为什么称国际空间站为太空城市?

太空是人类除陆地、海洋和大气以外的第四环境。这个新的环境还需要人们去研究和开发。

而太空中的"房子"——国际空间站，正好为人类探索、开发和利用太空资源提供了一个特别好的场所。国际空间站成为人类设在太空中的"客栈"，随时欢迎各国宇航员们的光临。

1993年，由美国、俄罗斯、日本、加拿大、巴西和欧洲空间局等11个成员共同筹建的国际空间站开始建造，2005年建成，又名"阿尔法"空间站。国际空间站因具有巨大规模、高技术、超豪华而被誉为"太空城市"。它包括上千个组件，是人类历史上最辉煌的空间大厦。

走进这座"太空城市"，可以看到三个主体部分。第一个是"曙光号"多功能舱，主要为空间站提供电源、导航、通讯、温控等技术支持，并且可以用来储存货物和燃料；第二个是"团结号"节点舱，用于连接航天飞机的居室、工作台和实验室等；第三个是"星辰号"服务舱，它是国际空间站中最主要的部分。这里有宇航员休息用的睡床、健身器材、医疗器材及厨房、厕所等设施。2000年，国际

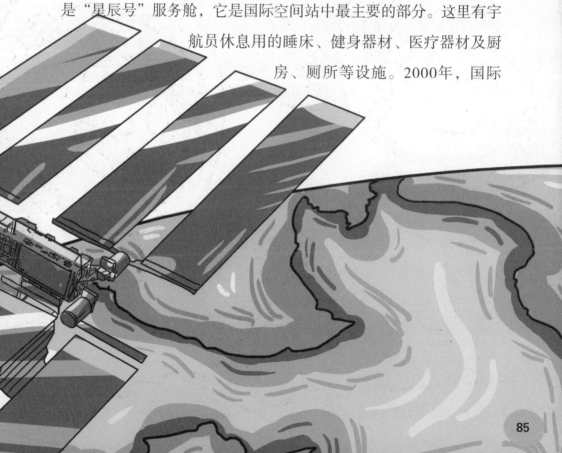

空间站迎来了第一批居民，美国"亚特兰蒂斯号"航天飞机上的宇航员进入国际空间站。此后，国际空间站上一直有宇航员在那里工作、进行实验和居住。国际空间站已成为人类在茫茫宇宙中的一个新家园。

国际空间站不仅是宇航员工作的地方，也是人类进行太空旅行的"客栈"。先后有美国人蒂托和南非人沙特尔沃思以私人身份进入国际空间站进行太空旅行。2005年10月1日，第三位太空游客美国人格雷格·奥尔森和美国宇航员以及俄罗斯宇航员一起乘坐"联盟TMA-7"载人航天飞船前往国际空间站。

如何能成为一名宇航员？

宇航员是真正的"天之骄子"，可要想成为一名宇航员可不是那么容易的事情。如果你立志当一名宇航员，那就要具备一些条件。

知道吗？现在的宇航员有三大类：一是航天器的驾驶员；二是飞行任务专家，他们负责对飞行中的航天器进行维修，完成对卫星的施放、回收及其他特殊的任务；三是载荷专家，他们是负责在太空进行科学实验的科学家

和工程师。

因为太空的环境非常恶劣，进入太空是件极其冒险的事情，所以挑选宇航员十分严格。他们大多是从军用喷气式飞机的驾驶员中挑选出来的。因为这些人都经历过长期的高空、高速飞行环境的锻炼，能较快适应恶劣的航天环境，能迅速果断地决策，善于应付各种意外的情况。要知道，较先进的战斗机上有大约40个键钮，而航天飞机上却有着近2000个开关和键钮。即使是被选上了的飞机驾驶员，也要接受最严格、系统的学习训练。

早期对航天员的挑选十分严格，患有近视眼的人是不可能入选的。随着航天技术的发展，宇宙飞船和航天飞机频繁地进出太空，载人航天的活动次数也越来越多。因此，越来越多的人进入太空生活和工作。据统计，全世界需要矫正视力的人高达48%，而患近视眼的人在科学家和工程师中所占的比例还会更高。如果把他们排除在外，是一个很大的损失。隐形眼镜解决了这一难题。国外已经让宇航员戴上隐形眼镜，做过模拟上天的试验，都没有出现不良反应。

　　虽对宇航员的挑选条件有所降低，但是对身体素质、心理素质、思想素质和知识素质这四个方面的要求是不可缺少的。除了身体健康外，一名职业宇航员必须具有许多特殊的耐力，如耐超重、耐低气压、耐热、耐振动、耐孤独等能力；还要具备情感的稳定性、自我控制能力、与同事共事的协调能力；还要有对航天事业的献身精神和顽强的奋斗精神。

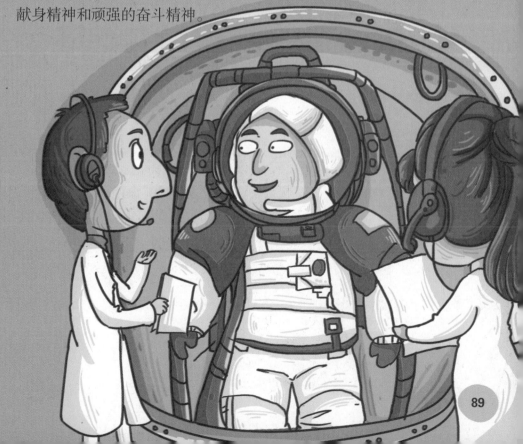

宇航员是怎样
第一次登上月球的？

　　1969年7月16日上午9点半，"阿波罗11号"宇宙飞船从美国东部升上太空。3天后，飞船到达月球上空，驾驶长柯林斯完成了最后的不允许出现丝毫偏差的轨道调整，使飞船在月球上空15千米处绕月飞行。

　　7月20日，阿姆斯特朗和奥尔德林登上了名叫"鹰"的登月舱，从飞船出发，沿着轨道下滑，平稳地降落在月面上一个名叫"静海"的平原上。经过6个多小

时的准备后，身穿航天服的阿姆斯特朗打开了飞船舱门，爬出舱口，在5米高的进出口台上待了几分钟，借以安定一下十分激动的心情。然后，他沿着登月梯走向月面。为了使身体能适应只有地球六分之一的月球重力环境，他在扶梯的每一个台阶上都要稍微停留一下，走下9级扶梯他竟然花费了3分钟。

　　阿姆斯特朗先是小心翼翼地把左脚踏上月面，然后鼓足勇气将右脚也踏在月面上。人类首次在另一个星球上留下了自己的脚印。当阿姆斯特朗向月面迈出第一步时，他庄严地通过无线电向整个地球上的人类说："对于一个人来说，这只是一小步，但对于人类来说，这是巨大的一步。"

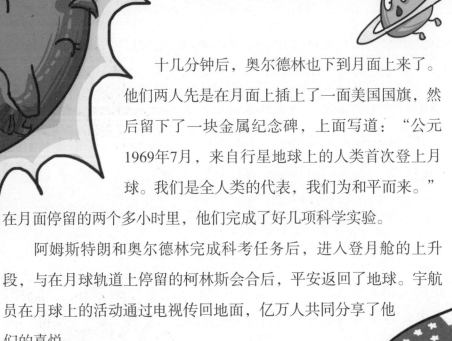

十几分钟后，奥尔德林也下到月面上来了。他们两人先是在月面上插上了一面美国国旗，然后留下了一块金属纪念碑，上面写道："公元1969年7月，来自行星地球上的人类首次登上月球。我们是全人类的代表，我们为和平而来。"在月面停留的两个多小时里，他们完成了好几项科学实验。

阿姆斯特朗和奥尔德林完成科考任务后，进入登月舱的上升段，与在月球轨道上停留的柯林斯会合后，平安返回了地球。宇航员在月球上的活动通过电视传回地面，亿万人共同分享了他们的喜悦。

让人觉得不可思议的是，三十多年过去了，阿姆斯

特朗留在月球上具有划时代意义的脚印依然在。由于月球上没有液态水，也没有空气，当然也就没有地球上的风霜雨雪。所以既不会有雨水冲走月面的泥沙，也不会有狂风吹走轻盈的尘土。对宇航员留在月球上的脚印会产生破坏的只有太阳风和宇宙粒子流，而靠这些力量要磨损1毫米的月面尘土，就要花上几千万年的时间。因此，阿姆斯特朗那双硕大的脚印至今还印在月面上。

月球车

月球车是对月球进行考察和分析取样时使用的专用车辆，分为无人驾驶月球车和有人驾驶月球车两种。无人驾驶月球车能根据地球上的遥控指令，在高低不平的月面上行驶。要是碰到紧急情况，月球车上的一套特殊装置还能进行调节控制。有人驾驶月球车是由宇航员驾驶的，它可以帮助宇航员拥有更大的活动范围，并减少体力上的消耗。这款月球车通过地面遥控，在月球上进行无人探测，寻找水和其他物质，并进行采样和摄像。

宇航员在太空中生活为什么很不容易?

吃饭、喝水、洗澡、睡觉，这些都是生活中最平常不过的事情了。可是，这些在地球上轻而易举的事情，在太空做起来却非常的不容易，每一项活动的进行都犹如一场战斗。

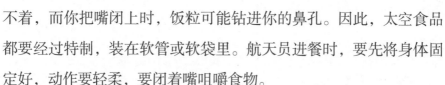

宇航员在太空吃的是"太空食品"。由于太空是一个重力十分微小的地方，如果你像在地面那样端着一碗米饭，饭粒就会一粒一粒地飘满整个房间，你张着嘴可能一粒米饭也吃不着，而你把嘴闭上时，饭粒可能钻进你的鼻孔。因此，太空食品都要经过特制，装在软管或软袋里。航天员进餐时，要先将身体固定好，动作要轻柔，要闭着嘴咀嚼食物。

在太空中饮水不能像在地面上那样倒进杯子，仰头就喝。这样的话，失重的水会变成大大小小的许多"水球"乱飞起来，因为此时水不向低处流了。所以在太空中，都是把水装入一个留有小孔的铝制容器中的，宇航员可以直接用塑料吸管啜吮。水到口腔后要紧闭双唇，依靠食管的蠕动让它流入体内。

在太空中洗澡可是一件让人不那么愉快的事情。太空中的浴室是一个尼龙做的密封袋，而事先必须做好准备工作，冷、热水各10升分别注入水箱，再逐一细细地检查抽水、过滤、空气净化、喷水等装置。因为袋内几乎是真空状态，所以要把呼吸管牢牢地夹在鼻子上，还要戴上专门的护目镜，双脚应伸进固定在地板上的橡胶拖鞋内，以免被水流冲得前仰后合……

在失重的状态下，没有上下左右之分，所有的东西都会自动飘浮起来。宇航员无论哪种姿势，站着睡也好，躺着睡也好，倒立着睡也好，感觉都一样。宇航员大多将睡袋固定在飞船的舱壁上，这样可以防止飞船发动机开动起来时，睡袋撞上舱壁。

原来，在太空的一切生活既非常奇特，又非常不容易。

宇航服为什么很复杂笨重？

　　去太空中航行的宇航员都会穿着一身特别厚重的服装，把自己包裹得严严实实的，这种服装叫宇航服。宇航服主要对宇航员起保护作用，是宇航员进行舱外活动必需的生命保障系统。

　　太空与地球的生活环境是完全不同的，在太空里没有空气，没有水，几乎是一个真空的环境，一切物体都

处于失重状态，终年温度在零下270摄氏度左右，并且有许多危害人体健康的射线和一些宇宙尘埃、流星体等。如果没有宇航服保护，宇航员会有生命危险。

宇航服由服装、头盔、手套、靴子和背上的特殊装置几部分组成。最里层是水冷式内衣，用以调节宇航员的体温。中间层是压力服，它会产生压力，保持宇航员的身体不向外扩张。最外面一层是防护服，它不怕火，能适应剧烈的温度变化，能阻挡宇宙射线的直接辐射，还能抵御宇宙中微流星体的撞击。宇航服的头盔、手套和靴子耐热、耐磨，能很好地起到防护作用。宇航服背上的特殊装置，里面装有供宇航员呼吸的氧气装置和供宇航员自由漫步的动力装置以及无线电通讯设备。

中国制作的一批舱内宇航服，整套衣服的重量约10千克，在正常情况下，宇航员把它穿戴整齐，需要约3分钟。宇航服的主色调是乳白色的，局部位置镶有天蓝色的边线。衣服的心脏部位有一个可以拧动的圆形装置，通过它可以调节衣服内的压力、温度和湿度。衣服的右腹位置有一根细细的管子。整套宇航服是用一种特殊的高强度涤纶制成的。宇航服虽然样式简单，但做起来却很困难。一套宇航服的价格相当于一辆豪华轿车的价格。

宇航服很重，据说宇航员在太空中穿上宇航服，虽然只需12分钟，但已经累得汗流浃背了。可是在太空，宇航员没有宇航服的保护是难以想象的。

谁迈出了太空行走的第一步？

能够漫步太空一直是人类的梦想。1965年3月19日格林尼治时间8时30分，苏联宇航员阿列昂诺夫离开了飞船，进入宇宙空间，成为世界上第一个在太空行走的人。

为了实现漫步太空这一梦想，1965年3月18日早晨，苏联发射"上升2号"载人宇宙飞船。飞行期间，阿列昂诺夫完成了世界上第一次离开飞船进入太空的动作，在太空中度过了大约24分钟，其中自由"飘浮"12分钟，有几次离开飞船的距离达5米。

由于宇宙空间几乎是真空的，所以在太空中的行走可不是一件容易的事

情，必须对飞船中走出来的宇航员采取特殊的保护措施。首先，宇航员必须身穿不漏气的密封服，戴好氧气筒。其次，宇航员出入飞船中不能让飞船中的空气漏出去。因此，宇宙飞船的舱口有一个过渡舱，宇航员先进入过渡舱，然后关上他身后的舱门，抽出过渡舱内的空气，当达到空气平衡后就能打开舱门。

过渡舱示意图

太空行走其实不是在走，而是在飘，宇航员如果动作稍有疏忽，就会飘离飞船而永远回不来了。为了保证安全，阿列昂诺夫依靠一根5米缆索和飞船连在一起，在无垠的宇宙空间中轻飘飘地浮游着。

自从阿列昂诺夫开启人类漫步太空的篇章后，人类不断地续写着漫步太空的历史。1984年2月7日，美国航天飞机"挑战者号"的两名宇航员走出航天飞机，不系安全带，自由自在地在宇宙空间行走了一个多小时。

太空中有垃圾吗?

生活在地球上的人类，经常会制造出垃圾，对于垃圾，人们都讨厌，因为它的危害很大。那么，在浩瀚的太空有没有垃圾呢?

太空中存在大量的垃圾。人类飞向太空是20世纪重大的事件之一，在发射卫星和飞船的同时，产生了许多的"太空垃圾"。

那么，太空垃圾是怎么形成的呢? 自1957年世界上第一颗人造卫星上天以来，人类为了探索宇宙奥秘，陆陆续续地向宇宙空间发射了成千上万的人造卫星、航天飞机、宇宙飞船等飞行物。而这些

飞行物，有些在到达目的地之前，就在飞行途中因故障而自毁生成碎片，有的在完成了使命后自行报废。但是这些飞行物不会消失在宇宙中，它们在不同的高度、不同的轨道上环绕地球高速运行，成为"太空垃圾"。同时，还有些宇航员无意识地向太空抛弃生活用品和工具等，这些都成为了"太空垃圾"。

这些太空垃圾在不同的高度、不同的轨道上环绕地球高速运行，严重地污染了地球的外层空间环境，而且给航天飞行造成了很大的危害。

知道吗？在距离地球表面2000千米处，只需要直径如细铅笔芯一样的微小金属碎末，就足以击破宇航员身上的宇航服，造成不堪设想的后果。一块指甲大小的太空垃圾，其危害巨大，碰上它，好端端的人造卫星或航天飞机就会报废。由此可见，"太空垃圾"对人类的航天事业危害极大。

所以，人类要采取措施防止太空垃圾的增加。此外，各个国家都在不断探索开设"垃圾场"，如按时将发射出去的人造卫星收回来，或者将那些漫游的金属碎片收集起来，集中到太空垃圾场中进行统一处理。

太空食品是什么样的食品？

在太空中，所有物体都处于失重状态，失重的物体会不可思议地四处飘浮。这样，宇航员们就不可能像在地球上一样坐在餐桌旁吃饭了。所以，宇航员在太空吃的食品也与地面上的是不一样的，他们吃的是"太空食品"。

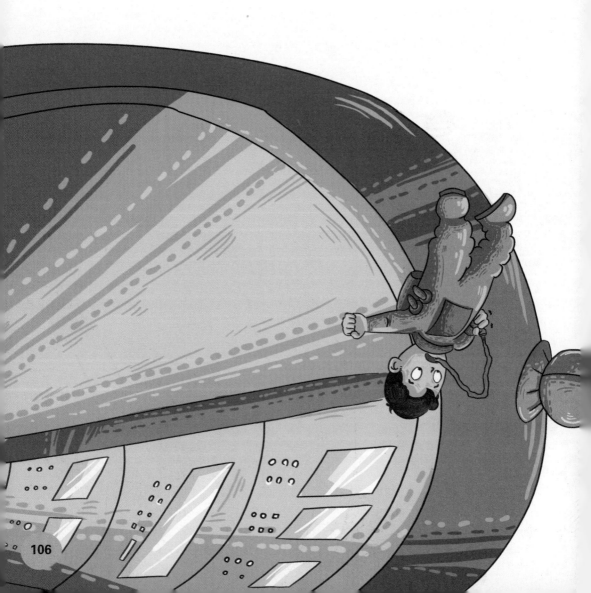

早期的太空食品，大多数像糨糊一样，吃的时候冷冰冰的，淡而无味。这些食品装在一根软管子里，吃的时候像挤牙膏一样往嘴里挤。对宇航员来说，吃饭变成了一项任务，而没有什么愉悦的享受。经过反复实践后，科学家们发现，设计太空食品也不必过于谨慎，需要满足营养丰富、卫生、进食方便这些条件就行了。

于是，从20世纪80年代开始，宇航员的饮食有了很大的改观。目前，宇航员的食谱已经发展到包括近100种食品，而且花色繁多，品种齐全，有面包、水果、巧克力、火腿、饭团、烤鱼等。

这些经过改造的食品大多是块状的，为了防止食品碎屑飘散、块状食品表面涂有固定形状的食用胶。宇航员们吃饭时，能很潇洒地飘到厨房里，从食品加热器中取出热腾腾的食物，也可以从冷藏箱中取出爽口的冷食。如果觉得口味不对，还可以选择自己喜欢的调味品。如果觉得口渴，还可以选择自己喜欢的饮料。

随着科技的发展，现在有的航天飞机上还配有专门的厨房，可以为宇航员们提供虾仁、鸡蛋、牛排、鲜鱼、香肠、果汁、蔬菜……真是丰盛极了。这些美味的食品会使宇航员们回忆起和家人一起用餐时的美好情景，以解在航天飞机上的寂寞和想念家的感情。

吃饭进行时

航天员进餐时，先将身体固定好，动作轻柔，呼吸节奏调节好，这样食物不会弄碎飞扬；吃饭时也不要张开嘴咀嚼食物，只能用鼻子呼吸，以免食物从口中飞出来。

动物去太空干什么？

在人类进入太空之前，就有动物已经充当了人类进军太空的开路先锋多次进入太空。科学家们在宇宙飞船上建立了动物实验室，并美其名曰"太空动物园"。目前在太空动物园里旅居的都是中小型动物，如青蛙、兔子、猫、狗、猴、鸡、龟类和蜂类等，苍蝇和老鼠也成了太空的旅客。

早在1948年6月至1949年9月，美国用"V-2"火箭，先后4次将猴子送到60千米的高空。1957年，苏联一只名叫"莱卡"的狗成为进入地球轨道的第一个活生生的动物。最初，莱卡只是一只流浪狗，但最后它从另外两只训练犬中被挑选出来，被装载在第二颗人

造卫星"伴侣2号"的卫星舱里。但当时还无法使卫星返回，"莱卡"狗在进入到太空的第6天便死去了。

随着航天技术的发展，人类对探索太空做了很多的努力。3年后，"伴侣5号"卫星又载着两只小狗进入太空飞行，并于两天两夜后平安返回地面。美国也不甘落后，1959年12月起，多次用"水星"号卫星式飞船把猴子和黑猩猩送上太空。这些"动物先驱"无私地奉献，为人类安全地飞向太空提供了许多可靠的资料。

20世纪60年代，随着人类登上太空，动物航天试验一度中断，

但从20世纪70年代以来，重又掀起了热潮。1961年，来自霍洛曼空军基地的两只黑猩猩成功地被发射到太空轨道之中。其中一只名叫汉姆的黑猩猩，在太空旅行持续16分59秒。它的同伴伊诺斯在10个月之后起航，围绕地球飞行了两周。随后，蜘蛛、蚂蚁、蜜蜂、老鼠、青蛙、鱼类等，纷纷摇身变成了"宇航员"。

也许你会觉得奇怪，为什么要送动物去太空呢？原来，通过这些特殊的"宇航员"的太空生活，人类积累了在太空环境下生存的丰富知识。在未来，人类在探索太空的过程中，动物仍然会成为开路先锋。一方面，它们会继续为人类积累空间环境对生物影响的重要信息，帮助人们了解生物能承受的极限条件并找到措施预防；另一方面它们也是茫茫太空中人类最亲密的朋友，为人类探索太空起到了很好的先驱作用。

在太空中成人
为什么还会长高？

长期在太空中生活的宇航员，身体会发生一系列的变化。其中，身高会明显地增加。有的宇航员会比在地球上时长高两三厘米，有的甚至会长高5厘米以上。可是，当他们重新返回地面时，没过几个小时，就和原来一样高了。这是因为什么呢？

人在太空中会长高，是太空中的失重作用捣的鬼。没有重力，就没有上下左右之分。这时，人体脊柱的椎盘会扩展开来。

也许你会问，椎盘是什么呢？椎盘就是椎间盘，是人体脊柱骨之间的"衬垫"。人的脊柱由33块骨头组成，每两块骨头间都有一块这样的"衬垫"。这种"衬垫"是由坚韧的纤维状组织组成的，起着保护脊柱、缓冲突如其来的震动和冲击作用。在太空中，由于地心引力对人体的脊柱的影响不存在，于是，脊

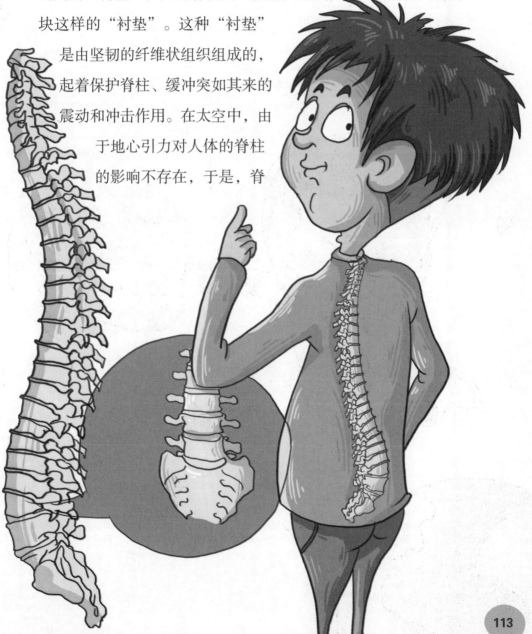

柱上的椎间盘就得到了舒展，间隙就增大了，一个椎间盘的扩张微小，但把几十个加起来，就会使一个人看上去明显增高很多。

不过，这种"长高"状态对宇航员来说是非常有害的，长期处于这种状态，会使宇航员患背痛病和神经传导功能中断症等，甚至还会导致宇航员发生触觉障碍等。

失重对宇航员的危害还有很多，它还会使宇航员患上心、肾、血液循环等方面的各种疾病，削弱宇航员的免疫功能。因此，科学家正要想方设法在未来长途的星际旅行时，在航天器内设置一种人工重力系统，彻底解决失重带来的一系列航天运动病。

人到宇宙中去航行
会碰到什么危险?

　　宇宙航行神秘、诱人，不久的将来，更多的人们可以乘坐宇宙飞船到太空去旅行！那么，我们在太空旅行会碰到什么危险呢？

　　宇航途中充满着危险：流星、高温、失重、宇宙射线……只要有一点疏忽，都会酿成大祸。

　　宇宙飞船在太空飞行，会碰到流星。流星是太空中的流浪汉，它们跌落到地球的大气层里就变成一道划破长空的闪光。流星在太空中飞行的速度很快，所以一颗很小很小的流星，就可以打穿几毫米厚的铝板。

星际空间大着呢，宇宙飞船碰上流星的机会比较少。如果碰上流星也不要紧，因为宇宙飞船有个非常牢固的外壳，里面还有两个密封舱，打穿了一个，可以躲到另一个舱里去修好隔壁的舱。将来在飞船上还可以装上激光器，用它一照，就能把流星烧成灰。

其实在宇宙中旅行，最危险的是宇宙射线。它碰到人的身体，人就会生病，还会死亡。科学家用能抵挡射线的材料来做飞船的外壳，还让宇航员服用能增强抵抗射线能力的药物。

不仅宇宙中有危险，人类在太空航行还要有冒险精神。人类航天史上曾发生过一些惨痛的教训，一些宇航员为了探索太空付出了年轻的生命。1967年4月23日，苏联"联盟1号"宇宙飞船在完成太

空飞行返回地球的时候，由于降落伞控制失灵，宇航员科马罗夫不幸遇难。1971年6月20日，苏联"联盟11号"飞船，在返回地球时，由于疏忽，三名宇航员在太空被活活憋死。1986年1月28日是人类航天史上的黑色日。这一天，美国的"挑战者号"航天飞机在全世界的注视下起飞了。可谁知，仅过了72秒，上升中的"挑战者号"突然爆炸，变成了一团耀眼的火球，然后坠入了大西洋。

到宇宙航行，确实充满着各种危险，但是，人类可以事前采取一些有效的预防措施，还要有科学的冒险精神，去认识客观世界。空中骄子——宇航员就有这种探险精神，这是非常可贵的。

太空旅馆

太空旅游业是时下很刺激、很奢侈的产业之一。各大航天公司、私人企业开始着手打造"太空旅馆"。2007年6月29日，由美国旅馆业大亨罗伯特·比奇洛投资建造的"太空旅馆"二号试验舱——"创始二号"，由俄罗斯"第聂伯"重型运载火箭发射升空并顺利进入预定轨道。这是世界上第一个"太空旅馆"。

太空中的宝藏
为什么取之不尽？

我们都知道，地球上蕴藏着丰富的自然资源，如石油、煤、天然气等矿产资源。那么除了地球外，茫茫的宇宙太空是不是也有人类需要的自然资源呢？随着地球上人口的迅速增长，人们把目光投向了太空，并在太空中发现了许多令人振奋的宝藏。

月亮是地球的忠诚卫士，它上面储藏着丰富的能源。如月球的岩石之中含有大量的硅。据研究，将硅开采加工后，人们可以在月球上获得大量的太阳能源，如果科技发达了，这些能源有可能会输送到地球上来。地球上只有约15吨氦，月球上有100万吨。如果核聚变技术能够突破，这些资源够人类用几百年以上。此外，月球上矿产资源极其丰富，比如铀矿、钍矿、稀土、钛矿等。月球的土壤中含有大量的锆、钛等稀有金属。而且月球上还有特殊的环境资源，如低磁场、地质构造稳定、弱重力、宇宙射线丰富等。

太阳系中的其他行星，更是储藏着大量宝藏。一点水也没有的水星却是一个含有大量铁矿的星球。水星星体质量的60%是铁矿，含铁量超过2万亿亿吨。按正常的年开采量计算，这些铁

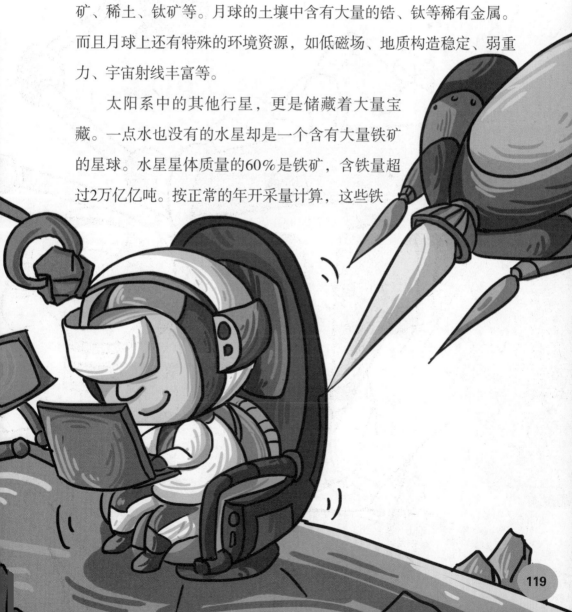

足够我们开采2400亿年。

宇宙间的其他星球也一样有着丰富的宝藏。巨蟹星座中一颗淡蓝色的恒星，其含金量竟比地球上的含铜量还高，但是它距离我们有175光年，非常遥远。

太空中蕴藏着的这些丰富的宝藏等着我们去开采呢！曾经，人类开采小行星矿产是科幻作品的经典桥段，然而随着地球资源的日益消耗，这一电影情节可能终将变为现实。近年来，已有以开采小行星矿藏为业务的公司成立。与此同时，天文学家筛选出12颗小行星，认为它们具备矿产开采条件，称人类运用现有火箭技术便可对其进行太空开采。

太空宝藏的开采方式

对于开采小行星矿产，科学家认为目前还处于酝酿阶段，可行性不高。目前的技术水平而言，要想开展一次小行星开矿行动将会耗费上千亿美元的巨额资金。虽然小行星含有的矿产资源经济价值较高，但现阶段，抛开技术局限不说，仅就经济成本考虑，开采行动是得不偿失的。如果有一天，人类能够开采小行星矿产，科学家们给出了三种可能的开采方式：直接运送矿石回地球；就地冶炼后运回金属；将小行星整体拖曳到绕地轨道再行开采。

人类何时可以移民太空？

我们这个小小的地球上，生活着众多的人口，而且世界人口已经越来越多。而地球上的资源是有限的，土地也是有限的。目前，中国实行了计划生育的政策，这是控制人口、造福子孙后代的有效方法。此外，天文学家产生了寻找第二

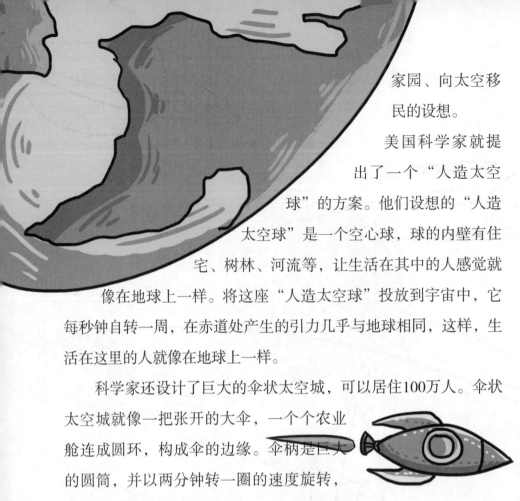

家园、向太空移
民的设想。

美国科学家就提
出了一个"人造太空
球"的方案。他们设想的"人造
太空球"是一个空心球，球的内壁有住
宅、树林、河流等，让生活在其中的人感觉就
像在地球上一样。将这座"人造太空球"投放到宇宙中，它
每秒钟自转一周，在赤道处产生的引力几乎与地球相同，这样，生
活在这里的人就像在地球上一样。

科学家还设计了巨大的伞状太空城，可以居住100万人。伞状
太空城就像一把张开的大伞，一个个农业
舱连成圆环，构成伞的边缘。伞柄是巨大
的圆筒，并以两分钟转一圈的速度旋转，
以产生人造重力。圆筒四周设置了4面玻璃
窗，窗外是盖板，盖板内面是一面镜子。合
上盖板，便遮住了阳光，里面就是黑
夜；盖板张开，镜子将阳光反射进圆

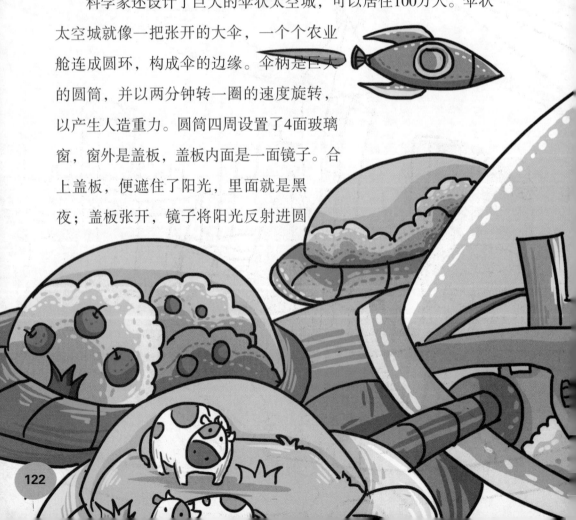

筒，里面就是白天。圆筒内部有高山河流、树木花草，还可以呼风唤雨，制造天气。农业舱里面可以种植任何蔬菜和水果，里面的四季变化可以加以控制。同时，里面还饲养着各种动物，包括有益于植物的各种昆虫。太阳能发电站、太空工厂、航天码头都设在圆筒的另一头，太空城的居民们便在那里上班。

为了移民太空，人们还把目光投向了与地球相似的星球——金星。美国康奈尔大学的萨辰教授提出了改造金星的方案：用一些能在原子反应堆的冷却水中生根发芽的植物来分解掉二氧化碳，从而

制造出人类必需的氧气，完成对金星的改造。

　　但是向太空移民，也会遇到很多问题。首先，在太空中寻觅另一颗类似地球的星球是不容易的事。其次，人类和动物是在地球环境中演化而来的，一切生理机制都与地球上的物理、化学环境相适应。如果去太空生活，必须将那里的环境建造得与地球环境相似。而要做到这一点难度很大，费用也高。就算建成了，也很难保持长久，如果环境发生了变化，就会造成人类和动物死亡。再者，人类在太空的生活区一旦被流星击中，空气就会逃逸出去，没有维持生命的空气，任何生命都无法生存下去。